我国致密气开发项目的生产影响因素辨识与产能提升策略研究

郭菊娥　　王树斌/著

U0214975

本书是国家自然科学基金面上资助项目的阶段性成果。资助项目信息为：我国非常规油气开发技术工程化实现的投资激励策略研究（项目编号：71473193）

科学出版社

北　京

内 容 简 介

本书以致密气"物探—钻井—固井—完井—压裂—采气"等工程序列构成开发全流程的技术参数为基础，通过检验压裂输入技术参数在产能影响中的调节效应，揭示压裂技术参数影响产能的间接作用规律。基于开发全流程生产技术参数的因果网络关系，提取影响压裂输入技术参数设计的关键施工因素，以及压裂输入技术参数影响产能的数量关系。基于开发全流程技术参数间的路径因果关系，探究如何将数据规律应用到致密气产能提升过程，回答如何有效设计压裂输入技术参数的取值水平来实现产能提升目标。本书通过建模从数据规律发掘与应用角度揭示致密气开发全流程生产企业技术参数设计的关联性和影响路径，为促进油气开发企业基于数据分析驱动管理决策模式创新提供参考。

本书可供从事石油、天然气、非常规油气开发的生产技术人员和管理人员，以及对能源开发方面感兴趣的企业管理专业、油气开采专业、运营管理专业的本科生、研究生和相关研究人员阅读参考。

图书在版编目（CIP）数据

我国致密气开发项目的生产影响因素辨识与产能提升策略研究/郭菊娥，王树斌著. —北京：科学出版社，2019.10

ISBN 978-7-03-061439-1

Ⅰ. ①我… Ⅱ. ①郭… ②王… Ⅲ. ①致密砂岩-砂岩油气藏-油气田开发-研究 Ⅳ. ①P618.130.8 ②TE343

中国版本图书馆 CIP 数据核字（2019）第 108738 号

责任编辑：陶　璇 / 责任校对：王丹妮
责任印制：张　伟 / 封面设计：无极书装

科 学 出 版 社 出版
北京东黄城根北街 16 号
邮政编码：100717
http://www.sciencep.com

北京盛通商印快线网络科技有限公司 印刷
科学出版社发行　各地新华书店经销

*

2019 年 10 月第 一 版　开本：720×1000　B5
2020 年 1 月第二次印刷　印张：10 1/4
字数：206 000

定价：86.00 元
（如有印装质量问题，我社负责调换）

作者简介

郭菊娥，女，1961 年生，教授；西安交通大学领军人才；教育部软科学研究基地中国管理问题研究中心执行副主任；2016 年入选中组部万人计划哲学社会科学领军人才，2015 年入选中宣部"文化名家暨四个一批人才"计划，1993 年开始享受国务院特殊津贴；近 5 年主持省部级以上课题 10 余项，发表论文 100 余篇，被 SCI/SSCI 分别收录 20 篇，获省部级以上学术奖励 7 项，其中"宁东特大型煤炭基地开发建设及深加工关键技术研究"2014 年获国家科技进步二等奖；提出的系统综合因素预测模型被应用到全国粮、棉和油产量预测，连续 5 年获得党中央领导重要批示，2015 年获得中科院科技贡献二等奖；撰写的专家建议被省部级以上相关政府部门采纳 11 篇，撰写专著 5 部；主要研究投融资决策与风险管理、能源战略与政策等。

王树斌，男，管理学博士，研究方向为能源环境经济与管理、低碳经济。现任西安邮电大学经济与管理学院讲师，副教授待遇，西安交通大学管理学院中国管理问题研究中心兼职研究员。2018 年毕业于西安交通大学工商管理专业，获博士学位，西安交通大学优秀博士研究生；2013 年毕业于陕西师范大学人口、资源与环境经济学专业，获经济学硕士学位，陕西师范大学优秀硕士毕业生；2007 年毕业于南京航空航天大学金融学专业，获经济学学士学位，南京航空航天大学优秀毕业生。在能源经济、环境与管理及低碳经济方向发表学术论文近 20 篇，部分成果发表在 *Energies*，*Applied Energy* 及 CSSCI 等相关研究领域的核心刊物上，并参与国家自然科学基金、陕西省软科学项目等多项课题。

序

　　"十二五"规划提出"加大石油、天然气资源勘探开采力度,稳定国内石油产量,促进天然气产量快速增长,推进煤层气、页岩气等非常规油气资源开采利用"的能源发展战略。在"十三五"规划中国家发布了《能源技术革命重点创新行动路线图》,对国内非常规油气的开采创新做出重要指示。美国从1821年首次开采出页岩气到2000年以来实现页岩气大规模商业化开发,产能与经济可采量逐年攀升。特别是2005年以来大规模水力压裂与水平井技术的突破性发展,使美国页岩气产能在2010年达到近1510亿立方米,占天然气生产总量的25%,储采比为18.3年;2016年产量达到4820亿立方米,占天然气总产量的64.3%,储采比为12.3年。美国页岩气开发技术的成功突破,带来了能源发展领域的一次重大变革,在全球范围内掀起了非常规天然气开发的热潮。

　　国土资源部2012年数据显示,页岩气技术可采资源量为25.08万亿立方米,致密气技术可采资源量为8.1万亿~11.4万亿立方米,煤层气具有整装规模性开采条件的资源量至少在7万亿立方米,非常规天然气种类的资源禀赋良好,具有广阔的开发前景。据悉,四川省威远县新场镇"威201井"是我国第一口页岩气井,2009年开钻,次年10月投产,初期日产气量2000立方米,累计实现商品气量达80万立方米;2017年页岩气产量约90亿立方米,较2016年增长14.2%,2017年核准累计产量达226.4亿立方米。目前四川盆地及周缘的海相地层已累计探明页岩气地质储量达到7643亿立方米,其中重庆涪陵页岩气田累计探明地质储量6008亿立方米,成为北美之外最大的页岩气田。我国1971年在四川盆地发现中坝致密气田,2012年我国致密气产量突破300亿立方米,占全国天然气总产量的三分之一,广泛分布于鄂尔多斯盆地、四川盆地、松辽盆地、渤海湾盆地等,有利勘探面积32万平方千米,其中鄂尔多斯盆地和四川盆地最为丰富。中国工程院预测,2020年煤层气产量预计为500亿立方米。因此,我国非常规页岩气、致密气、煤层气已成为我国非常规天然气生产的三大主力,对缓解我国能源安全、优化能源供给消费结构具有重要的社会价值与战略意义。

随着非常规天然气产能规模的扩大，如何应用现代信息处理技术服务于生产活动是企业关注的现实问题。从目前数字化油田建设的现状来看，我国基本实现了物探、打井、钻井、压裂等各个子流程环节分别进行信息采集、处理、分析、决策的局部闭环，但各主体之间数据传递缺失现象严重、传递效率低、交互决策程度不高，大多停留在不同部门主体点对点决策上。特别是决策数据主要是本部门采集到的数据，并没有上升到企业层面的数据分析和共享，导致管理决策呈现逐级决策、多级决策的特征，还未能形成生产管理数据建模智能化决策的管理方法。中国科学院院士、中国石油化工股份有限公司石油勘探开发研究院院长金之钧说："我国页岩气资源量位居世界前列，只要我们坚持不懈继续干，我国也有望迎来'页岩气革命'。"可以预见，以中石化、中石油为代表的科研单位和企业攻克了一个又一个难关，未来关于页岩气、致密气、煤层气产业发展的相关研究必将持续升温。因此，在现代工程管理框架下，从经济管理视角探究非常规油气开发项目生产规律等问题具有很强的实际应用价值。

西安交通大学管理学院郭菊娥教授研究团队依托西安交通大学中国管理问题研究中心，搭建了围绕能源项目投资、数据分析智能决策的非常规油气开发管理等研究科研平台。研究团队受国家自然基金支持系统展开了"我国非常规油气开发技术工程化实现的投资激励策略研究""我国非常规油气开发的环境污染源辨识、评估及其信息共享策略研究"，以及"四个一批人才"支持的"大数据驱动下的我国非常规油气开发智能化决策研究"和企业支持的研究等工作，呈现出一批优秀的研究成果。该书的顺利出版，为非常规油气资源开发领域推动多学科交叉研究具有重要的引领作用，彰显"科学研究服务于社会"的示范效应。我们期待社会各界人士对该书提出宝贵的意见与建议。

2019 年 3 月

前　　言

　　致密气产业发展对保障能源安全、优化能源结构、促进低碳发展具有重要的战略意义。随着数字化油田建设水平的提高，油气开发企业生产管理模式逐步从传统经验式向数据驱动式发生转变，如何组织和利用庞大的地质、油气藏等生产数据服务于生产管理是企业关注的现实问题。因此，构建基于数据分析的决策模式成为油气开发企业生产管理中的研究热点。但是，油气开发企业管理主体的多元性及不同管理阶段的独立性造成大量生产数据的潜在价值被沉没，生产管理中数据分析应用的质量有待进一步提高。

　　本书从企业关心的生产管理问题入手，以致密气开发项目为载体，从开发全流程关键生产环节切入，结合实地调研获取的生产数据，辨析成本类压裂变量在生产管理过程中的作用特点，从数据分析驱动管理决策的视角，探究成本类压裂变量影响产能的作用规律，并分析如何将发现的规律应用到提升产能效益的过程中，通过生产数据的规律探究与应用策略分析提升企业基于数据分析的决策能力和决策质量。本书主要做了以下三个方面的研究工作。

　　第一，辨析了压裂输入（technical indicators factors，TIF）变量影响致密气产能的作用规律及其表现形式。发现压裂输入变量分别在孔隙度与产能、基质渗透率与产能的两组关系中发挥调节作用。结论将压裂输入变量直接影响产能的关系进一步拓展，从定性研究视角验证了压裂输入变量影响产能间接作用机理的存在性。

　　第二，提取了压裂输入变量影响致密气产能的因果网络关系及其量化关系。发现压裂输入变量通过二阶响应面方程式显著影响致密气产能，同时发现压裂输入变量设计的关键影响因素与决策规则。结论从量化分析视角通过数量关系的提取为开发企业实现产能管理目标提供了决策指导。

　　第三，设计了压裂输入变量作用规律在产能提升过程中的应用方法。发现应用变量因果网络关系链设计压裂输入变量取值能够打通不同管理阶段变量之间的关联性，从而找到压裂输入变量不同取值组合的调整方向及幅度。结论通过规律应用的方法设计为生产管理提供了参考，补充了实际中依赖经验的决策方式。

　　本书主要内容包含两个方面。一方面，通过致密气开发全流程的描述，将不同生产数据类型与不同的生产管理阶段对应起来，这样不仅解决了产能影响因素的来源问题，而且能够从因果时序的视角把握致密气产能影响的因果网络关系链。另一方面，从成本类压裂输入变量影响产能作用规律为突破口，以生产数据为纽带，联通不同生产管理部门，促成管理方法的系统性与关联性。因此，本书为致密气开发领域的生产规律提取与应用提供了分析依据。

　　本书的顺利出版得到了笔者所在的西部数字经济研究院（本书第二作者单位）领导的大力支持，特别是西安交通大学中国管理问题研究中心（本书第一作者单位），提供了各类硬件设施与办公条件。

2019 年 3 月

目　　录

1 绪　　论

　　十九大报告指出，加快建立绿色生产和消费的法律制度和政策导向，建立健全绿色低碳循环发展的经济体系。构建市场导向的绿色技术创新体系，发展绿色金融，壮大节能环保产业、清洁生产产业、清洁能源产业。推进能源生产和消费革命，构建清洁低碳、安全高效的能源体系[①]。

　　致密气是我国在现有技术条件下获得经济产出的重要非常规油气资源，是一种清洁高效的能源。国家政策支持推进非常规油气产业的发展。我国独特的地质条件决定了致密气资源储量的天然优势，其巨大的市场开采潜力，对促进国内能源消费的结构化调整，落实能源供给侧改革的重要举措具有重要的战略意义。

　　"十二五"规划提出"加大石油、天然气资源勘探开采力度，稳定国内石油产量，促进天然气产量快速增长，推进煤层气、页岩气等非常规油气资源开采利用"的能源发展战略。

　　在"十三五"规划中，国家发布了《能源技术革命重点创新行动路线图》，对国内非常规油气的开采创新做出重要的工作指示，从战略发展角度提出未来勘探开采工作的难点与目标。

　　我国致密气正处在产业发展的初期阶段，地质不确定性、投资成本高、技术难度大等问题制约了产业发展进程，增加了企业管理决策的难度。随着数字化油田的建设，数据分析对企业管理决策的重要性日益凸显。因此，推动基于数据分析的生产决策的研究，对保障致密气开采增产提效，具有重要的实际意义。

---

　　① 决胜全面建成小康社会 夺取新时代中国特色社会主义伟大胜利——在中国共产党第十九次全国代表大会上的报告. http://jhsjk.people.cn/article/29613458，2017-10-18.

1.1 研究背景与研究问题

1.1.1 研究背景

油气勘探开采领域的智能化发展焦点，是对庞大的地质、油气藏生产数据的合理组织与有效利用，这也是在现代企业发展过程中，面对成本、风险、技术等巨大挑战的应对策略，因此，开采项目一体化数据分析成为油气开采企业的发展基础[1]。中石油与中石化是我国油气勘探开采领域数据化发展的先导。经过十余年的发展，我国在数据化油田建设应用方面取得了一定的成绩[2]，实现了从上游气藏到井下的实时数据监控，实现了产业链下游的实时数据监测等；数字化油田的发现层次逐步提高，基本实现了数据库建设在勘探、钻井、完井、开采等施工环节的全覆盖。

以勘探阶段数据为例，勘探数据是对多维地质形态的描述，数据建模分析尤其关键。中国海洋石油总公司（以下简称中海油）在集成勘探过程各系统数据、实现成果共享的基础上，正逐步形成专业的勘探知识库，通过数字化建设的全面发展最终实现全面互动的、多主体参与的成果共享知识管理与应用平台。总体而言，我国油气勘探开采智能化发展还处于"样本工程探索"阶段[3]，如长庆油田勘探开发服务型共享数据中心的建设等[4]。

数据获取技术的多样性与互补性造成油气地质数据多样性特征明显；数据间的相互依赖性对数据建模分析提出了很高的要求；各类数据建设彼此独立，数据交互程度低，形成"数据孤岛"现象。从油气开采智能化发展的进程来看，我国致密气勘探开采领域存在突出的"数据孤岛"现象，智能化发展的水平与层次不高，属于传统管理方式与数据驱动决策管理方式的交叉推进阶段。因此，推进致密气领域数据分析决策对提升生产决策科学性、降低作业风险意义重大。

油气产业的整体发展受数据分析决策思路的影响，逐渐形成了数据分析驱动决策的管理思路，但是在数据组织利用层面上，企业的整体环境还没有形成。虽然海量数据为企业分析决策提供了丰富的素材，但是传统管理理念等因素的制约使生产数据的潜在价值还没有完全被摸透与掌握，还没有形成具有指导性的一般知识体系。

数据分析决策在油气领域的应用表现在特定的技术环节上，如油气管道远程数据采集[5]、长距离油气管道生产自动化建模分析[6]及基于互联网技术的长输管道数据记录仪的应用等[7]。致密气勘探开采正在逐步形成数据分析的决策环境，但由于致密气开采项目不同管理主体与不同承包主体之间的独立性，数据分析决策的质量并不高，数据交互的程度比较低，没有实现真正意义上的数据分析决策的流程与效果。

综上所述，数据分析驱动决策方式是数字化油田建设与实践的核心内容。我国油气开采领域数字化建设的不断推进为企业创建数据分析的决策环境奠定了基础。特别是在致密气开采领域，数字化建设的重要性更为凸显。由于不同管理主体与施工主体的独立性，部门之间、施工环节之间的数据交互程度低，大量生产数据的潜在价值没有被充分挖掘利用，降低了以数据分析为依据的企业决策水平与决策效率。因此，研究致密气开采过程中的数据规律对推进油气领域的决策质量起到积极的示范作用。

致密气属于非常规油气，是从经济可获得性与技术条件角度而言的次经济性（sub-economic）或者经济边缘性（margin-economic）的一类油气资源。非常规油气还包括致密油、煤层气及页岩气等[8]。非常规油气强调油气资源聚集的储层地质特征，但长期研究中关于非常规油气资源的认识没有统一的界定，一般从地质特征与经济特征角度对其进行描述。非常规油气储层地质上是致密纹理型、富含有机物、半沉积岩性，与常规油气储层不同，页岩与类似岩性是非常规油气储层的主要源岩。工程界也称非常规油气储层为连续型沉积岩储层或者致密岩储层，该类储层大面积存在并受水力压裂的影响。由于孔喉度小、渗透率低，储层压裂技术是非常规油气开采的主要技术手段。

资源三角（the resource triangle）从技术要求、技术成本、资源分布等维度描述了非常规油气资源的特质[9~11]。如图 1-1 所示，处在资源三角上层位置的油气品质高、储量少、易开采，通常为一些技术意义上的常规油气资源；处在资源三角中下层的油气储量大、渗透低、难开采，从技术可获得性角度看属于非常规油气资源。"技术—经济"性是非常规油气研究的焦点，是非常规油气工程化实现的理论前提。

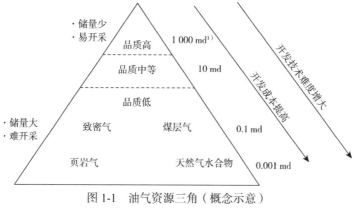

图 1-1　油气资源三角（概念示意）

1）md：毫达西，渗透率的单位

资源三角表明了非常规油气资源在地质特征与技术要求方面的特殊性，强调技术可获得性。越处于资源三角的底部，非常规油气资源的种类越丰富、储量越大，但开采的技术要求也越高。常规油气资源与非常规油气资源的联系性表现在：传统油气开采的技术经验对非常规油气资源的开采具有一定的指导性，是非常规油气资源技术实现的现实基础。随着非常规油气开采技术条件的改善、成熟与创新，一些非常规油气品种将逐渐成为传统意义上的常规油气。

我国非常规油气地质背景与国外存在很大的差异，油气聚集、成藏机理具有一定的特殊性（如储层非均质性特征），因此，非常规油气资源开采面临的不确定性风险较高；开采实践面临地质因素、施工等诸多因素的制约。研究致密气开采过程中压裂输入变量设计优化问题的现实判断是：从理论研究进展来看是可行的、有效的；从勘探开采的技术发展来看是必要的、现实的。

20世纪80年代后期，项目群管理（program management）与项目组合管理（project portfolio management）相结合，形成了现代项目管理理论与方法[12]。随着时代与技术的发展，项目环境的复杂性加剧，传统项目管理方法论向系统化、集成化、协调化及多元化方向发展，产生了基于系统论思维的全过程、全主体特点的全面项目管理方法。项目集成管理要求遵循集成原理，同时考虑管理的基本思想，是集成与管理的有机组合，是将集成原理与方法论运用于管理过程[13]。集成管理是信息化时代的新型管理模式，侧重通过系统集成有效性，工作方式与组织结构的改善、变化[14]，从企业内部参与要素看待企业外部环境整合，促进内外环境的有效互补，达成目标。

工程项目的集成管理是建立在信息技术之上的具有高效特征的项目管理模式。集成管理借助系统化、集成化的思想，综合考察项目整个生命周期内各要素、主体之间的相互关系，重点关注参与主体之间的动态关系，以及在整个项目中形成的信息高效传递与数据、信息共享机制的建立[15]，从而对整个工程项目实施过程中涉及的组织、要素、主体等进行系统科学的管理，实现项目的质量、进度、工期等目标的优化，即依赖信息的全面共享、组织间的良性互动，优化项目管理决策，提升管理效益。

油气开采项目具有目标多重化、主体多元化、关系复杂化、规模大型化、管理多极化、发展趋势数字化的特点，传统项目管理理论与方法已经无法适应油气开采项目管理决策转型的趋势特点。当前我国大型能源开采项目采取的层级管理、委托承接关系、多主体参与设计和招标等管理模式，具有管理阶段明确、专业分工明晰、管理重点突出等特点。但是不同施工环节由不同承包主体负责，存在乙方众多的局面，从而造成人为的管理阶段割裂；各主体间分级、独立决策导致项目阶段目标与整体目标冲突。独立决策、分级决策、多级决策管理方式造成各技术环节的信息流通不畅，降低生产中各部门之间数据传递的效率与交互程度。

综上所述，致密气特殊的成藏地质条件决定了项目施工过程中的开采难度，对生产管理决策方式提出了巨大的挑战。项目集成管理理论为当前致密气工程项目实施数据分析驱动的管理决策提供了研究思路。

1.1.2　研究问题

致密气开采主要由"物探—钻井—测井—压裂—采气"等施工环节构成。不同施工阶段产生大量生产数据［如在钻井阶段获取全烃等地质变量，在测井阶段获取孔隙度等储层物性（reservoir physical property，RPP）变量］。不同管理主体与不同承包主体通过合同达成委托与承包关系，管理主体依据承包主体提供的原始生产数据资料制订管理决策方案。多主体参与、多阶段施工使管理主体决策时，以前序环节提供的数据为主要依据，形成了各个环节独立决策、分级决策、多级决策的管理特点。这种决策模式降低了各环节数据传输的效率及交互程度，大量生产数据价值没有被充分挖掘和利用。

储层压裂是致密气勘探开采工程序列中的重要环节，直接影响最终的产气量。致密气属于低渗透非常规天然气资源，由于储层物性条件制约，以及钻井等前序环节中钻井液污染等，气井射孔后自然产能低、开采效益差，必须借助压裂技术进行增产提效，保障生产效率。压裂施工管理主体要面对前序环节的大量地质数据、压裂环节的压裂数据及产能数据。在数据驱动决策的背景下，以经验决策为主的管理方式无法适应新兴产业发展的要求。因此，有必要对压裂施工过程中变量之间的影响关系进行识别判断，优化压裂变量、提升压裂决策的科学性与生产质量。

本书研究的核心问题是：压裂项目管理主体在数据分析驱动管理的决策模式下，如何面对不同工程序列产生的大量生产数据，清晰地认识数据间的影响机理、分析变量间的影响关系，以及实现压裂变量的优化设计，从而提升最终的产能效益。

图 1-2 表明：第一，致密气项目开采过程中的数据信息环境。致密气开采项目的整个周期分为不同的施工阶段，由不同项目管理主体、不同项目承包主体构成。不同承包主体在实际作业过程中收集大量的原始生产数据，工期结束时，根据合同向直接负责的管理主体交接生产数据等相关材料。项目管理主体依据开采需要将数据进行整理存储，供下一阶段的工程序列管理主体决策使用。第二，压裂环节项目管理主体依据前序环节提供的地质数据等内容设计压裂方案，并呈送给该阶段的项目承包主体；操作层面，施工主体依据施工方案进行压裂作业。第三，压裂施工主体在长期的实践中，依据经验、知识积累，对当期负责的压裂项目进行实际作业中的调整，工期结束时，在移交生产资料的同时，也将施工阶段进行调整的施工数据移交给压裂阶段的管理主体。

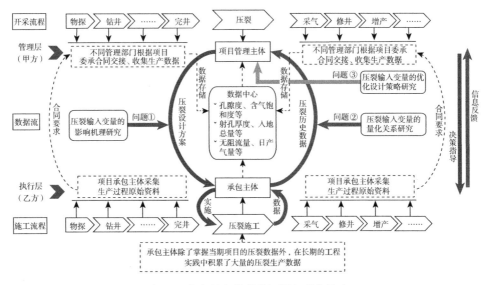

图 1-2 本书研究的科学问题与现实描述

研究问题：本书以致密气开采项目为载体，立足开采流程的压裂环节，从储层压裂管理主体的生产决策出发，应用调研获得的生产井数据，研究压裂过程中的三个科学问题：①压裂施工过程中压裂输入变量的影响机理研究。实证检验入地总量、陶粒用量与混砂液量对孔隙度、基质渗透率、含气饱和度等地质变量影响产能关系中的调节作用，给出压裂输入变量交互影响存在的具体表现形式。②因果网络关系视角下压裂输入变量影响产能的量化关系研究。基于压裂输入变量影响产能的直接、非直接影响关系，在挖掘产能影响因素之间因果关系的前提下，通过关键因果网络关系链上的变量间量化关系提取，给出入地总量、陶粒用量与混砂液量不同取值组合设计的决策规则，呈现入地总量、陶粒用量与混砂液量影响产能的数量关系。③压裂输入变量的优化设计策略研究。应用致密气产能影响因素之间的因果网络关系及其影响产能的量化规则，基于变量因果网络关系链设计入地总量、陶粒用量与混砂液量不同取值组合最优的实现流程与方法。

1.2　研究意义

本书以致密气开采项目的施工流程为视角，立足压裂环节，首先研究压裂输入变量影响机理的存在性；其次，研究影响机理作用条件下的变量数量关系；最后，研究如何应用数量关系对压裂输入变量进行优化。研究具有理论与实践两个方面的意义。理论方面，对现代管理理论与方法在致密气开采项目中的应用提出有效建议；

实践方面，对提升压裂施工企业数据分析决策的质量给出决策支持与参考。

（1）从数据规律分析的视角推进现代项目管理中集成化与系统化理念在致密气产业发展中的应用。

致密气开采项目是大型复杂的工程项目，现代项目管理中关于系统化与集成化的思想，对整个生命周期内各要素及主体之间相互关系的重视，对参与主体之间的动态关系的关注，以及对信息高效传递与数据、信息共享机制建立的建议等内容，对实现致密气生产的智能化发展具有重要的意义和作用。本书基于数据分析驱动管理决策的研究目的，通过数据之间的关联性，从执行层面加强不同主体、不同部门之间的交流程度，促进现代集成管理思想与方法在致密气开发过程中的应用。油气开发的参与主体较多，决策独立。基于现代项目管理的核心理念，本书从数据规律分析的角度，探究不同生产阶段（不同管理主体）施工数据的关联性规律，从而在数据应用层面为不同执行部门、不同参与主体之间创建联系打开了思路，进而推动现代项目管理理念与方法在致密气开发领域的发展。

（2）本书从定性与定量视角得出的地质变量与压裂变量对产能的影响程度对加强致密气领域的地质理论研究起到助推作用。

地质规律的研究是开采企业进行数字化生产、决策、施工的第一步，也是最为基础的一步。数字化油田的建设为企业充分利用数据分析进行生产决策提供了平台，因此，本书从量化关系分析的视角对致密气地质因素与技术因素的影响程度进行对比得出的研究结论，一方面将促进生产决策中对产能规律的应用；另一方面将促进地质理论研究的进一步深入。从量化分析视角表明对该领域地质研究工作推进的重要性与迫切性。变量间因果网络关系的呈现，能够表达出致密气开发领域地质因素影响产能的主要路径关系及其影响权重值，同时，能够较为准确地反映出压裂技术类变量在产能影响中的程度。这些结论在促进致密气理论研究方面将给出哪些是目前的研究重点的建议；在技术应用层面也将提升企业对技术适应性的关注，这也将倒逼地质理论研究的深层次发展。

（3）生产变量因果网络作用规律的挖掘为企业进行精准的产能预测工作提供了变量选择的分析依据。

压裂变量调节效应、结构效应及变量因果网络关系分析将有助于企业提升施工决策科学性。这些因果网络关系的揭示有利于提高致密气产能预测的准确性和科学性，从而提高施工规范性，提高压裂施工的技术效果，实现在单井产量递减生产规律作用下精准预测致密气的产能水平[①]（level of production，LOP）。致密气开发的最大制约因素是地质因素的不确定性，这些不确定性因素是压裂施工中必须考虑的风险来源。因此，通过预测变量的选择进行精准的产能预测是实际地面生产管理中

---

① 产能水平包括产能效率（efficiency of productivity，EOP）和产能效果（effect of capacity，EOC）两个方面。

的常规任务与工作。但是，实际操作中，由于油气开发施工变量的类型多、数量大、规律少，从而给预测分析带来阻力。本书致力于打通不同施工阶段数据联系的研究目的，重在挖掘致密气开发不同阶段的数据交互影响的规律，其中通过施工变量间的因果网络关系效应及其对产能影响权重值的计算，以及基于产能预测目的的主要预测变量的选择都将为致密气开发领域的预测工作提供必要的决策指导。

（4）压裂输入变量优化流程的设计为企业压裂决策中其他压裂变量优化的实现路径提供了决策指导。

通过变量影响的因果网络关系，挖掘生产变量背后的决策规则和管理规则，为全面利用好生产数据提出了有效建议。压裂输入变量优化设计流程研究将促使企业更好地应用生产过程中被忽视的大量数据进行知识挖掘与提取，全面指导实际的生产管理活动，从数据驱动决策的层面促进不同生产环节过程的联系性与交互性，促进数据共享，提升企业的决策质量与决策水平。本书依据对压裂输入变量影响产能的作用规律进行挖掘，设计出压裂输入变量优化的流程与方法，从而为实现压裂环节其他施工变量生产工艺优化提供决策思路；有效地补充了传统管理决策中依据经验、理论的分析方法，对施工变量优化的实现提供了可供选择的决策方式。

综上所述，本书将从数据分析驱动管理决策的视角给致密气开采企业压裂变量的优化设计提出有效建议，不仅从理论层面，更从实践层面有效地指导致密气地面生产工作，为企业科学决策提供分析思路与参考依据。

1.3　本书的结构安排

图 1-3 表明了本书研究内容展示的逻辑联系。第一，通过"压裂施工过程中压裂输入变量的影响机理研究"，在前人压裂输入变量影响产能的直接作用关系上，呈现压裂输入变量影响产能的其他作用形式，澄清压裂输入变量在储层物性变量与产能影响关系中的调节效应，表明压裂输入变量影响产能的间接作用机制。第二，通过"压裂输入变量影响产能的量化关系研究"，将变量的直接因果关系考虑在内，基于压裂输入变量的作用机制，打开变量间影响的因果网络关系，通过量化关系给出在变量间关键的因果网络关系链背景下，压裂输入变量取值设计的关键影响因素及压裂输入变量影响产能的数量关系。第三，通过"压裂输入变量的优化设计策略研究"，探究压裂输入变量影响产能的作用机制与数量关系在压裂决策中的应用。从变量因果网络关系链的角度研究压裂输入变量生产工艺优化的策略，设计基于施工流程的入地总量、陶粒用量与混砂液量不同取值组合的流程方法，通过"标杆井"生产数据验证压裂输入变量优化策略的效果。

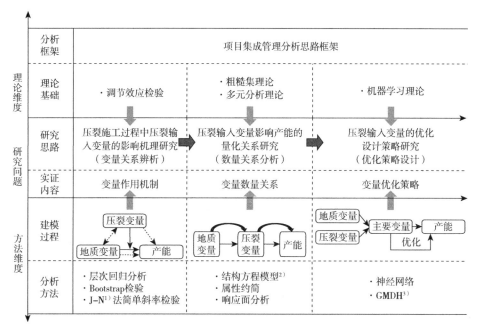

图 1-3 研究内容展示的逻辑关系

1）J-N：Johnson-neyman；2）结构方程模型：structural equation modeling，SEM；
3）GMDH：group method of data handling，数据分组处理方法

图 1-4 表明了本书研究内容展开的分析步骤。本书依据研究问题的逻辑关系，设计了研究目标实现的三个分析模块，分别为机制研究模块、量化关系研究模块及优化流程设计模块。

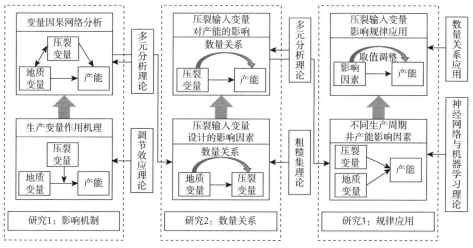

图 1-4 研究内容展开的分析步骤

压裂输入变量影响机理研究从变量间关系辨析的视角，检验入地总量、陶粒

用量及混砂液量在储层物性变量，即孔隙度、基质渗透率、含气饱和度与产能三组关系中的调节作用及其表现形式，从而表明压裂输入变量影响产能过程中的调节作用实质及其对产能影响的重要性。

变量间数量关系研究基于压裂输入变量作用机制的存在性。首先，结合前人研究的变量直接因果关系分析，通过结构方程模型对产能影响因素的因果网络关系进行呈现；其次，基于变量间的因果网络关系路径，从压裂施工技术流程的角度，量化分析压裂输入变量取值设计的关键影响因素；最后，分析压裂输入变量影响产能的数量关系表达式，从而在"地质变量→压裂变量→产能"因果网络关系链上分析量化关系。

压裂输入变量优化策略分析如何将压裂输入变量作用机制及其影响产能的数量关系应用在压裂决策中。承接量化分析模块，提取产能影响因素的主要特征变量，从致密气开采的施工流程背景出发，依据变量间关键的因果链设计入地总量、陶粒用量及混砂液量取值优化的实现流程与方法，并验证策略的有效性。

前期通过苏里格致密气开采区块的实地调研，收集到 1 505GB（gigabyte，十亿字节）容量的物探、开采等方面的生产统计数据，数据时间跨度为 2006~2015 年，根据研究需要，本书将数据体现的变量应用进行分类说明，表 1-1 表明了本书研究中主要的变量分类情况。

表 1-1　本书数据主要分类说明

一级指标	二级指标	三级指标
地质变量 （反映地质条件因素）	气藏地质[1]	泥质含量
		全烃
		有效厚度
	储层物性	含气饱和度
		基质渗透率
		孔隙度
压裂变量 （反映压裂施工过程）	压裂输入	入地总量
		陶粒用量
		混砂液量
	压裂策略[2]	射孔厚度
		含砂浓度
		砂比
		层数
		压降
产能变量 （反映产能水平状况）	产能效率	单位压降产气量
		单位有效时间产气量
	产能效果	单井产气量
		无阻流量
		日产气量

1）气藏地质：gas reservoir geological，GRG；2）压裂策略：technology implementation strategy，TIS

第一块研究内容为压裂输入变量的影响效应检验。压裂输入变量对储层物性（孔隙度、基质渗透率及含气饱和度）与产能效率（单位有效时间产气量）影响关系的调节作用应用层次回归分析进行检验。

第二块研究内容为变量间的因果网络关系链与数量关系分析。首先，基于压裂输入变量作用机制的存在性，辨识变量间影响的因果网络关系。在压裂输入变量调节效应分析的基础上，呈现变量间的较为完整的因果网络关系路径，给出压裂输入变量影响产能的权重值。其次，从变量间因果网络关系中提取"地质及压裂策略—压裂输入变量—产能"的因果链进行分析，从量化分析角度研究压裂输入变量取值设计的施工规则及产能对压裂输入变量水平的响应关系。

第三块研究内容为压裂输入变量优化策略方法分析，分为两个研究过程。首先是产能影响的主要因素及效能评价。基于变量间的因果网络分析研究产能评价的关键预测变量。其次，通过不同生产周期产能井的情景设计，分析不同生产周期产能井产能影响的主要因素，利用压裂输入变量取值设计的规则给出入地总量、陶粒用量及混砂液量的初始设计值，同时根据压裂输入变量影响产能的数量关系对出入地总量、陶粒用量及混砂液量初始设计值进行调整，通过"标杆井"验证这种压裂输入变量取值设计方法的效果。

本书一共分为6章。第1章为绪论。该章就研究问题的现实背景与理论背景进行阐述，总结研究意义及社会价值，给出本书研究问题的层次与研究的视角，并对研究涉及的相关概念进行界定；阐述本书研究思路及研究实现的具体方法，简要概述整体研究框架。

第2章为致密气压裂生产的发展概况与管理模式特点。该章从我国致密气发展的现状出发，阐述致密气开发的社会影响与经济效益；重点表述目前在致密气开发领域数字治理的平台搭建与数据应用现状。

第3章为压裂输入变量影响产能的作用机制与变量关系辨析。该章检验压裂输入变量（入地总量、陶粒用量、混砂液量）对储层物性变量影响产能关系的调节作用，表明压裂输入变量在储层改造中的作用机制。

第4章为压裂输入变量影响产能的因果网络关系及其量化关系提取。该章基于第3章的压裂输入变量作用机制的研究，检验变量间影响关系的因果网络，并分析变量因果网络关系下的数量关系，给出影响压裂输入变量设计的主要影响因素并提取压裂输入变量取值设计的施工规则，给出压裂输入变量取值水平对产能影响的数量关系式。

第5章为压裂输入变量的作用规律在产能提升中的应用策略。该章在第3章的压裂输入变量作用机制研究及第4章的因果网络关系视角下变量间量化关系研究的基础上，研究如何应用压裂输入变量的作用机理及变量间的量化关系，给出压裂输入变量优化的策略方案和及效果评价，实现压裂输入变量的优化设计。

　　第 6 章为研究总结。该章总结本书研究的主要工作，阐述主要的研究结论与研究中所体现的主要创新工作；给出政策建议，并展望本书研究进一步拓展的方向。

2 致密气压裂生产的发展概况与管理模式特点

本章首先从储层压裂施工方面对致密气压裂施工特点进行评述，对压裂技术发展演进的轨迹进行评述；其次，对致密气开采数字化平台建设及应用现状进行综述；再次，对致密气现阶段的生产决策管理模式进行分析；最后，从致密气生产决策中与本书研究问题相关的方面进行评述，通过文献分析，提出进一步研究的方向。

2.1 致密气生产发展现状与社会效应

2.1.1 致密气生产发展的概况

全球致密气资源量大约为 1.14×10^{14} 立方米，其储量巨大，是最早投入工业化开采的非常规油气种类[16]。渗透率是致密气压裂中的重要制约因素，一般气藏开采中使用的水平井技术无法解决致密气的渗透率问题[17]，因此，实现致密气开采的高采收率需要设计针对不同储层特征的压裂方式。表 2-1 为致密气开采的主要压裂技术。

表 2-1 致密气开采的主要压裂技术

主体技术	技术构成	技术效果	技术优势	国内应用	技术趋势
直井分层压裂	连续油管分层压裂与封隔器封层压裂	单井处理6~10层，压裂连续施工19层，时间缩短至4天以内（Jonah气田）	—	形成封隔器+滑套组合的分层压裂（苏里格气田）	不限改造层数的套管阀套分层压裂及水力喷射压裂的相关应用被报道，未成主流

主体技术	技术构成	技术效果	技术优势	国内应用	技术趋势
水平井分段压裂	多级滑套封隔器分段压裂；水力喷射分段压裂；速钻桥塞分段压裂；限流压裂分段压裂	多级滑套封隔器分段压裂，水力喷射分段压裂实现10段以上的分段改造	增大气藏接触面积，减少气田井数；提高水平段整体的渗流能力	我国水力喷射分管压裂技术已经处于国际领先水平	长岭气田致密气开采水平井技术成熟，单井累计产气量将提升3倍；苏里格气田水平井先导实验取得阶段性进展
大型压裂	—	裂缝大于300米；加砂规模大于100立方米的压裂	对厚砂层状及块状储层适应性较好；单井加砂量大，稳产时间长，单井最终产气量大	Wattenberg气田成功应用；四川、吉林成功应用；苏里格气田不适应该项技术
混合压裂	清水压裂与冻胶压裂相结合；致密气压裂中，前置液采用滑溜水，携砂液采用冻胶压裂液	—	储层伤害较小；提高砂浓度与裂缝导流能力；降低成本	操作复杂，储层差异影响大，应用较少；吐哈盆地致密气气田部分现场试验	Cotton Valley公司成功应用，气产量为瓜胶压裂液井2倍，气水比降低60%

　　就整体情况而言,致密气开采的压裂技术已经初步发展形成相应的技术体系,水平井多段、直井多层压裂的应用推动了我国致密气开采的市场化进程。我国致密气总体可采储量约为 $8.1×10^{12}\sim11.4×10^{12}$ 立方米,其中累计探明储量仅为18%。2011 年我国致密气累计探明储量占全国天然气探明总储量的40%,达到 $3.3×10^{12}$ 立方米；累计探明可采储量占全国天然气可采储量总量的 34%左右,达到 $1.76×10^{12}$ 立方米[18]。同年,我国致密气产量约为 $2.56×10^{10}$ 立方米,占天然气总产量的25%[19]。我国致密气开采始于 20 世纪 70 年代,由于受到技术条件的限制,发展较为迟缓,经历 40 余年的发展,目前发展较为成熟的气田包括：苏里格气田、榆林气田、大北气田及大牛地气田等,其中,苏里格气田是我国目前致密气开采储量与年生产能力最大的气田。表 2-1 表明了致密气开采压裂施工的主要技术体系。我国致密气开采技术研究起步较晚,目前仍以借鉴国外直井、丛式井和水平井分段压裂技术为主[20]。

　　我国致密气储层特征表现出三种类型：①透镜多层叠置型致密气储层,代表区域为苏里格气田；②层状型致密气储层,代表区域为四川须盆地须家河、松辽盆地；③近块状型致密气储层,代表区域为塔里木盆地。直井分层压裂技术在我国四川及长庆地区致密气开采应用中取得了良好效果；苏里格和须家河直井分层压裂施工的技术适应性较好。引进的国外先进压裂技术主要有连续油管喷砂射孔与换空压裂技术等,考虑到储层伤害性问题,连续油管砂塞分段改造工艺在我国的适应性较差。由于地质条件的特殊性,大规模压裂技术在我国苏里格气田的实验未取得预期的实验效果。大型水利压裂在厚砂层与块状储层的适应性较好，大规模压裂应用在我国四川致密气气田取得成功。混合压裂技术由于操作的复杂性、储层差异性等在我国致密气开采过程中应用较少，未来有望在致密气开采技术中得到进一步应用。近年来水平井工艺的发展成为致密气储层改造的主要技术体系，在国内致密气开采中得到普遍推广[21]。我国胜利油田、大庆油田、长庆油田、克拉玛依油气田等水平井的大规模应用，主要采用可取桥塞分段压裂、水力喷射分段压裂、裸眼封隔器分段压裂，以及遇油膨胀封隔器分段压裂等储层改造技术，取得了较好的开采效果[22]。但是，我国水平井压裂技术有效性与技术适应性还需进一步验证与完善。

2.1.2 致密气生产发展的特征

表 2-2 表明了国际致密气压裂技术的发展历程。致密气压裂技术大致经历了五个阶段：第一个阶段为 20 世纪 80 年代以前，以单层小规模压裂为主；第二个阶段为 20 世纪 80 年代以后，为单层大型压裂；第三个阶段为 20 世纪 90 年代，以多层压裂、分层排液技术为主；第四个阶段为 2000 年以后的一段时间，为在此前开采工艺上发展起来的多层压裂、合层排采；第五个阶段为近年发展较为成熟的水平井钻井、水平井分段压裂。从技术目标来看，国际非常规油气资源储层压裂改造经历了三个发展阶段，即提高储层改造体积、降低储层改造伤害及降低施工作业成本。这三个阶段中工程施工具体压裂方式的选择因储层差异性而有所区别[23]。致密气有其标志性的储层特征：孔隙度低、渗透率低、储量丰度低、单井自然产量低，含水饱和度高、开采成本高及储层非均质性强，从而决定了储层压裂改造对致密气增产提效的重要性。表 2-3 为目前多薄层致密气直井分层压裂技术概况。

表 2-2　国际致密气压裂技术的发展历程

技术应用时段	技术主要构成	技术施工特点	技术发展效果
20 世纪 80 年代以前	单层小规模压裂为主	改造规模较小，储层纵向动用程度有限	单井产量较低，产量一般都小于 1×10^4 米³/天
20 世纪 80 年代以后	单层大型压裂	技术条件：施工时间长，压裂液应具有良好的携砂流变性及低伤害性；压裂液用量大，通常使用连续混配技术	加砂量：90~150 立方米；裂缝压后长：400~600 米；压后稳产：（2.0~3.5）$\times 10^4$ 米³/天
20 世纪 90 年代	多层压裂、分层排液为主	改进单程压裂技术后，多级压裂 3~6 段，耗时约 35 天（Jonah 气田）；混合压裂后有效裂缝更长，裂缝导流能力更高（Bossier 气田）	两个气田产量比较：单井产量从（4~11）$\times 10^4$ 米³/天上升到 33.98×10^4 米³/天

技术应用时段	技术主要构成	技术施工特点	技术发展效果
2000 年以后	多层压裂、合层排采	改进连续油管逐层压裂，纵向改造程度达 100%，施工时间缩短，36 小时可完成，压裂层数增加至 11 层；压裂设备进步	与常规压裂技术产量相比，增加 90%以上产量（多级滑套水力压差式封隔器分段压裂、水力喷射加砂分段压裂在多个气藏田得以应用）
近年	水平井分段压裂	—	—

表 2-3   多薄层致密气直井分层压裂技术概况

技术体系	技术构成	技术优势	技术局限	技术范围
连续油管分层压裂	连续油管喷砂射孔+环空压裂与连续油管+跨隔封隔器	分段级数不限；施工效率较高；砂堵容易处理	套管及套管头等耐压要求高，生产管柱下入有二次储层伤害的可能；需多种配套工具	多薄层油气藏；套管完井的直井为主要井型
套管阀套分层压裂		级数不限，施工工序简单，标枪可钻，滑套可关	适应管柱尺寸单一，且同样采用套管施工	实现直井不限层数的改造
水力喷射压裂	核心技术为水力喷射工具	管柱在水平井快速准确压开多条裂缝，起裂位置方向可控，多层压裂，不需封隔器	井口要求：在连续油管或管柱拖动需要不压井的起下作业装置或进行压井	—

从表 2-2 与表 2-3 显示的压裂技术体系构成来看，国际致密气储层具有纵向分布层数多与砂层厚的特点；在压裂工艺的选择上，以直井分层压裂为主要技术选择。从具体技术特征看：20 世纪 80 年代大规模压裂技术需要一定的技术应用条件，如压裂液低伤害性，并且压裂液用量大，通常情况下需要使用连续混配技术。美国直井分层压裂技术以提高小层动用程度的直井分层压裂为主，以连续油管直井分层压裂应用为主导压裂技术。20 世纪 90 年代中后期以混合压裂技术为主要技术特征，它由清水压裂技术发展而来，将清水压裂和冻胶压裂结合起来，分别采用滑溜水前置液、冻胶压裂液的携砂液，通过一定的技术改进减少了施工中的储层伤害性，在提高裂缝导流性的同时，大大降低了压裂液的成本。随着国外机械制造和材料技术的发展，在纵向多薄层致密气藏中，目前主要应用的是直井分层压裂技术[23]。

近年来水平井开采技术的发展推动了水平井分段压裂技术在致密气压裂过程中的应用，水平井分段压裂技术主要分为多级滑套封隔器分段压裂、速钻式桥塞分段压裂与水力喷射分段压裂三大技术体系（表 2-4）。随着水平井开采技术的不断发展与进步，国外也逐步开展大量水平井分段压裂改造技术的实验与应用，包括储层改造配套技术。

表 2-4 致密气开采水平井压裂技术体系

技术体系	技术特点	技术优势	技术局限	技术范围
多级滑套封隔器分段压裂	通过坐封裸眼/套管封隔器实现段间封隔；通过井口投入不同尺寸球，打开相应各级滑套逐段进行压裂	施工快捷，作业效率高，节约完井费用	球径尺寸对分压级数产生一定的影响	一次完井管柱，且不是通径；现已发展为滑套可开关的智能完井
速钻式桥塞分段压裂	通过桥塞封隔，逐段射孔、压裂、座封，连续油管一次钻除桥塞排液	实现分段级数不受限	—	—
水力喷射分段压裂	—	不需封隔器和桥塞等隔离工具，自动封堵	—	国外主要通过拖动管柱，用水力喷射工具实施分段压裂；因技术专利保护应用较少

我国致密气储层改造技术的发展大致经历了与国际相同的发展阶段，呈现出由小规模笼统压裂、大规模压裂研究实验、单层适度规模压裂，到直井多层分压合采压裂与水平井多段/直井多层压裂的发展路径。但是总体来说，我国致密气储层改造技术仍处于技术攻关与初步形成阶段。

2.1.3 致密气生产发展的影响

压裂技术是致密气等非常规油气开采的必要手段，是保障油气开发经济收益的有效措施。但是，随着社会大众对人居环境质量发展与管理的重视，针对压裂开发带来的潜在环境危害与资源消耗问题，国际社会就"如何发展非常规油气产业""要不要发展非常规油气产业"等问题存在争议，主要的焦点在于压裂技术会造成土地、水、大气质量等的过度消耗与危害[24~26]，特别是非常规油气开发过程中对水资源的消耗及对地下水系统的潜在污染风险[27]；同时，非常规油气开采过程中气体泄漏的影响也被认为是造成大气质量恶化的原因之一[28]。因此，Bolonkin等提出了非常规油气开发领域技术革新的重要性[29]。

非常规油气发展对社会经济的影响具有现实性。页岩油气与致密油气等非常规油气资源使北美天然气市场趋于饱和，致密油生产为加拿大的经济做出重要贡献，美国也由于非常规油气的发展成为天然气净出口国，尽管如此，潜在的环境风险评估依然是获得油气开发权利的前提[30]。DiGiulio等研究指出，美国在非常规油气资源的开发利用中，应当高度重视对清洁饮用地下水资源的保护[31]。美国过去15年间非常规油气资源获得长足发展，在获得经济利益的同时，也不同程度地重塑与改变了原有的生态面貌，一些负面的影响已经蔓延到农业生产、野生物种数量、动物迁徙及人类健康生活方面。非常规油气开发的活跃程度令人惊讶，同时，开发活动引致的数亿元生态服务成本也警示非常规油气产业发展必须关注生态系统服务问题及应对缓解资源开发负面影响的开发策略的重视[32]。Hays 等研究指出，非常规油气开发除了对空气、水资源品质产生影响外，同样与人类健康状况之间存在联系性[33]；非常规油气开发产生的环境噪声将对人类生存健康产生多重影响，如烦躁情绪、睡眠障碍（sleep disturbance）及心血管疾病（cardiovascular disease）。因此，需要相关的政策与缓解技术（mitigation techniques）避免人类暴露在油气开发的噪声污染中。

非常规油气开发的技术发展具有两面性。一方面，油气产业的发展促进了欠发达地区的经济增长；另一方面，开发活动与人类居住有不可回避的关联性，对人类生存健康、人居环境质量都将产生极大的负面作用，甚至产生毒性影响（deleterious impacts）[34]。Merriam 等通过实验数据分析得出，非常规油气发展活动对生态的影响具有一定的关联性与延续性[35]。故此，非常规油气开发依赖的压裂技术对当前的政策提出严峻挑战；经济利益与自然资源保护之间的矛盾性、能源市场的新趋势随着非常规油气开发技术的发展不断得以强化，带来关于生态、健康等方面影响的多重不确定性问题[36]。

从经济发展的现实诉求来看，技术依然是制约非常规油气发展的关键要素。俄罗斯非常规油气资源的未来发展有赖于新技术的攻克及发展制度系统的完善[37]。我国在非常规油气开发领域，特别是在页岩气等实现工业化生产的油气品类领域同样有赖于探勘开发技术的进一步发展[38, 39]。Wang 等研究指出，过去数年间改善石油采收率（improved oil recovery，IOR）技术及三次提高石油采收率（enhanced oil recovery，EOR）技术等尝试对非常规油气储层进行的采收实验，不断促进这些非常规油气资源开发技术从实验室走向现场，包括注水（water injection）压裂、可溶性与不可溶性注气（miscible and immiscible gas injection）压裂、水—气交互注入（water-alternating-gas injection）压裂、化学制剂驱动（chemical flooding）压裂及其纳米技术（nanotechnology）。由于非常规油气储层致密性与地质渗透率等问题，传统的采收技术无法达到预期的开发效果，故在非常规油气开发领域进行实验研究与数值模拟的前期评估对产能评估具有必要性[40]。

综上所述，致密气等非常规油气开发压裂技术的应用存在两面性，一方面是极高的经济价值，另一方面是对生态环境的危害潜力。从技术应用本身来讲，非常规油气开发压裂技术与传统油气开发在技术应用方面存在很大的差异性，非常规油气低孔、低渗的地质特点对储层压裂技术的选择提出极高的要求，受制于诸如地质、技术等方面的制约，但是压裂技术的突破是非常规油气产业发展的关键。由于传统开采工艺在非常规油气开采过程中的适应性极度降低，在非常规油气资源压裂技术应用中存在不确定性因素，故对压裂技术环节涉及的主要问题进行研究分析，对完善地面生产服务具有现实价值。

2.2 致密气生产管理的数据平台
与数据应用现状

2.2.1 油气开采的数字平台构建现状

非常规油气开发全流程与技术阶段表现为一项复杂的系统过程，具有数据量增长指数化的行业特点[41]。依托数字化油田的建设，我国大部分油气田已实现变量数据的智能化采集和作业过程监控，为及时发现问题、解决问题提供了支持[42]。例如，钻井作业中通过安装在地面和井下的传感器，提供连续性、实时性的数据采集、设备监测与操作监控。由传感器、空间 GPS（global positioning system，全球定位系统）坐标、气象服务等测量设备产生的大量数据，以特定的应用方法处理其中的结构化数据，以服务于管理测量、处理与成像、储层建模及开采。总体而言，表 2-5 表明了我国各主要油气田已基本完成的数据库建设整体情况。

表 2-5 我国各主要油气田已基本完成的数据库建设整体情况

企业名称	组建时间	建设现状	实际效果	目标
中海油	1998~2009 年	建成覆盖全集团范围的基础设施架构	规范开采流程，积累大量核心数据，提升管理水平	生产数据的实时采集、传输
大庆油田	2000 年	搭建基础地理信息系统；地面建设信息系统；油田勘探数据库开采数据	基础数据库建设；推广采油工程信息系统	深化油田开采数据库专业技术应用
胜利油田	2005 年以前	油气开采信息系统；油气钻井信息系统；地面建设信息系统	千米以下油井生产变量的动态检测等；信息化与生产过程优化，降低钻井成本	油藏、钻采、地面工程方案编制优化，技术环节决策优化
长庆油田	近年	电子视频跟踪及传声警示等电子遥控变量，实现开采过程异常情况自动报警	智能预警管理决策辅助；单井井场数据实时采集、自动化控制及视频监控	完成一体化、数字化管理系统
新疆油田	2002~2008 年	形成以数据库为基础的综合安全管理系统	系统集成化和开采、生产过程自动化	实现"数字化油田"的开采标准

Hems 等指出，数据分析有效支持了钻井阶段的安全性与储层中靶率，从而优化了钻井工艺[43]。因此，少数国际石油公司已经尝试通过数据应用来实现油气开采领域的技术突破。

2.2.2 油气开采的管理决策模式发展

Wigging 和 Startzman 从操作角度将油藏管理定义为"从油藏发现至枯竭到最终废弃这一全过程中,对油藏进行识别、开采生产、监控和评价的一整套操作规程和决策"[44]。致密气属于"低品位"油气资源,开采价值受控因素众多,且各因素之间互相影响。这一特征对致密气开采的部门协调性提出极高要求。例如,钻井、压裂是开采过程的主要技术环节,也是承载不确定性风险的主要方面,在非常规油气开采的过程中,立足水平井压裂完井的实际需求,需要采用多向优化设计流程,突破常规钻井设计中所强调的"储层钻遇率"的理念[45, 46]。

反观我国致密气开采现状,各环节分割式管理,以及信息交流以相邻工序单向传播为主,导致协调性极低。这种以层级管理模式为主的决策模式给部门之间横向交流带来障碍。目前我国大量的研究集中在数据的挖掘分析方法(表 2-6),在油气行业应用数据决策上仍然处在"点式积累"阶段,尤其是油气田开采领域,更是缺乏综合性的开采应用、智能化的分析判断及科学性的决策预警。

表 2-6 油气行业国际公司及相关研究单位(机构)数据应用的现状

企业名称/使用单位	技术内容	目标效果
雪佛龙股份有限公司	Hadoop 分布式计算	地震数据处理概念性体验
荷兰皇家壳牌集团	Amazon VPC[1] 平台引入 Hadoop 分布式计算	地震传感器数据处理
Cloudera 公司	地震 Hadoop 分布式计算项目	与 Seismic Unix、Apache Hadoop 平台结合
Stavanger University	Hadoop 分布式计算	数据采集

1)VPC:virtual private cloud, 虚拟私有云

数据平台搭建为油气开采应用数据分析进行决策提供了有效的应用平台。宫夏屹等指出,如何将数据变小,从一个平面的数据提炼出高附加值的概念、知识和智慧将是油气开采面临的主要问题[47]。由于油藏的勘探和开采涉及多学科、多领域的知识,不同领域数据获取的方式也不同,数据形式具有多源性。文本、图片、视频等非结构化数据的检索、统计和更新效率很低。如何对分布、多态、异构的数据进行管理,当前还缺乏有效手段。如何应用数据辅助具体的决策应用,利用现有分布式、并行技术开展数据的分析处理有待研究。

在致密气等非常规气开采过程中,变量优化主要关注某一开采流程。曲占庆等针对储层压裂过程优化问题,对低渗气藏压裂水平井裂缝变量优化进行建模分析,通过气藏模型和裂缝模型,依据该模型编制了裂缝变量优化设计软件,研究了不同变量对产能的影响[48]。洪祥议等针对运输过程建立油田集输系统仿真模

型的问题，模拟出站内外管网的运行变量，结合实际运行数据，对系统和设备运行提出优化方案[49]。冯周等提出了最优化处理的新方法用于对缝洞储集层的测井，通过数学软件模拟、计算，并借助实际测井资料进行了验证[50]。他们构建了测井响应方程及测井最优化目标函数，以非均质、各向异性缝洞储集层作为标准，结合惩罚函数法和 L-M（Levenberg-Marquardt，列文伯格-马夸尔特）算法求解目标函数，设计了较为简便、求解高效的算法。

从我国目前油气产业发展的数据基础体系建设和应用现状来看，我国致密气开采过程中的数据决策水平较低，数据价值尚没有得到有效的挖掘利用，从生产管理的角度而言，施工变量内在规律的把握与有效利用将大大提升企业决策质量与生产管理水平。油气行业数字分析应用的现实是：数据分析决策仅在部分关键技术环节上辅助决策优化，尚未实现全流程链条上的一体化决策。本书以致密气生产的储层压裂改造为研究对象，探究压裂变量在工程序列全流程中的影响规律及应用价值，从而为其他非常规油气品类开发中执行数据分析驱动的决策提供依据与参考。

2.3　致密气生产管理模式的特点

苏里格地区气田开采已经形成了规范、高效的市场机制开采模式，主要以股份公司为决策层、各油田分公司为实施管理层的勘探管理模式。苏里格地区致密气合作开采采用"集中协调管理、统一规范标准、市场运行机制、分散技术决策"的管理模式。

2012 年 3 月，中国石油天然气股份有限公司苏里格气田指挥中心成立了中国石油天然气股份有限公司长庆油田苏里格气田开发分公司，负责该地区气田开采的统筹、管理、决策等工作，分公司在股份公司下达的工作量、投资和勘探任务的控制下，负责勘探项目的实施管理控制。中国石油天然气股份有限公司长庆油田苏里格气田开发分公司先后成立六个下属子公司，分别是中国石油集团西部钻探工程有限公司、中国石油集团长城钻探工程有限公司、中国石油集团川庆钻探工程有限公司、中国石油集团渤海钻探工程有限公司、中国石油天然气股份有限公司华北油田分公司、中国石油天然气股份有限公司玉门油田分公司。项目公司负责不同区块的勘探、物探、钻井、压裂等具体工程。2012 年 5 月，随着玉门油田（第六项目部）公司加入苏里格地区气田开采行列，气田合作开采项目部增至六个，标志着苏里格地区气田开采组织架构的基本形成。苏里格地区致密气开采组织结构如图 2-1 所示。

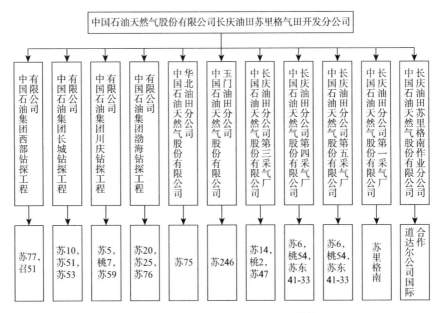

图 2-1　苏里格地区致密气开采组织结构图

　　苏里格地区气田开采实行甲方监督、乙方实施的机制，负责重点工程的现场委派监督。在每项工程成果验收时，双方分别派遣技术监督、项目经理对工程质量、地质成果质量进行检查，一旦由技术监督发现、确认工程质量不合格，相应的项目经理对其地质成果不予验收。此外，在工程最终结算方面，实施的是资金结算与工程质量相挂钩的结算方式。

　　中国石油天然气股份有限公司苏里格气田指挥中心作为甲方，通过勘探监理部负责物探、钻井等工程项目的监督。勘探部署、研究、设计等相关技术支持工作则由中国石油天然气股份有限公司苏里格气田指挥中心下属的研究院承担，而具体进度规划和相关实施效果的分析则由生产所、动态所负责决策。

　　下属的项目公司作为乙方，负责具体勘探开采项目的实施工作，根据研究院的施工设计，完成对应的物探、钻井、压裂等具体工作。苏里格地区气田开采统筹派出项目经理对整个项目的进度、质量和费用控制，协调工程项目组和各专业项目组之间的关系，负责工程项目组的全面工作。

　　石油公司和下属项目公司之间的委托—承包关系使各主体之间数据传递缺失现象严重、传递效率低、交互程度低，大多停留在部门点对点决策阶段，决策过程、决策数据主要是本部门采集的数据，在进行数据分析和数据处理时存在一定的问题和不足，导致管理决策呈现逐级决策、多级决策的特征。

3 压裂输入变量影响产能的作用机制与变量关系辨析

本章对致密气开采储层压裂过程中的地质变量、压裂变量及产能之间的影响关系进行辨析，澄清压裂输入变量影响产能的作用机理及其表现形式，验证其存在性。通过科学问题"压裂施工过程中压裂输入变量的影响机理研究"，澄清压裂输入变量在储层物性变量与产能影响关系中调节作用的形成，表明压裂输入变量影响产能的间接作用机制。

3.1 引　　言

单井产量递减规律是非常规油气开采面临的重要产业规律。因此，准确把握产能影响因素对科学预测致密气生产水平具有关键的指导性。钱旭瑞等研究指出，有效厚度、储层改造体积的大小是影响页岩气产能的重要因素，在裂缝体积一定的情况下，裂缝密度增加同样可以增加页岩气的产能水平[51]。孙海成等研究指出，基质渗透率与裂缝网络的发达程度是影响页岩气产量的主要因素[52]，而提高主裂缝数量需要依托分段压裂数量及段内的分簇射孔数量。段永刚等在研究页岩气产量递减规律时，选取了孔隙度、储层有效厚度等变量对页岩气井的生产规律进行数字模拟，并进行产量预测分析（拟合产量与递减率的函数）[53]。祝彦贺对影响页岩气聚集的地质因素进行总结，提出单井"五度"地质评价方法，强调主要从埋藏深度、岩层厚度、有机丰度、有机热演程度、岩石脆性等五个方面进行地质因素的对比分析[54]。

煤层气产能影响的主要变量分为两类，即地质影响因素与技术影响因素。其中，地质影响因素包括煤层深度、煤层孔隙度、煤层渗透率、原始压裂、煤层厚度、含气饱和度；技术影响因素则包括压裂技术环节的主要压裂工艺变量[55]。乔磊通过多元回归分析得出裂缝孔隙度与裂缝渗透率之间的关系对煤层气的产量评价具有重要的影响作用[56]；从影响因素的类别来看，主要有渗透率、孔隙度等地质因素，压裂规模、射孔变量（孔深、孔径、孔密度等）等压裂输入因素及储层裂缝渗透率等储层因素三类；其指出压裂输入通过储层改造影响煤层气的产量水平，指出压裂输入对地质变量与产能变量影响的调节性。刘之的等从煤层气储层物性特征角度指出煤层岩性与结构、裂缝孔隙度、渗透率、裂缝天然发育程度、有效厚度，以及煤层含气饱和度（含水饱和度）等变量是评价煤层气储层优劣的重要参考因素[57]。

何衡等以加砂量、砂比、前置液量等为施工变量，研究压裂效果（以产能提升为衡量目标）的影响因素，通过产能水平与施工变量水平的统计分析，得出施工变量取值水平的优化对提升产能的重要性，通过施工变量优化，可以进一步提升压裂的成功率[58]。张磊等研究了储层物性对低渗透油气藏压裂效果（以日产量为衡量标准）的影响，指出孔隙度是压裂效果最为敏感的影响因素，渗透率及储层厚度次之，含油饱和度对压裂效果的影响最不敏感[59]。李庆辉等研究压裂变量（压裂间距、压裂级数、加砂量）对页岩气井经济效益的影响时指出，加砂量在支撑剂密度条件下，通过改变渗流通道的环境，从而最终影响产量水平[60]。白玉湖等分析压裂变量对页岩气井产量的影响时发现，支撑剂用量、压裂液用量总射孔数等完井压裂变量对产气量有重要的增减影响规律[61]。

综上所述，现有文献对致密气产能的影响因素研究比较充分，代表性文献的研究结论表明，致密气产能评价的影响因素为压裂、地质及储层物性变量。地质变量是根本影响因素，压裂变量通过改变储层物性达到增产的工程目的。产能评价的影响因素分类比较明确，界定比较清晰，但是对各类因素作用的机理与影响的本质属性研究不足，如现有研究文献肯定了不同地质变量、压裂施工变量等对单井产能的直接影响，都应用了"地质变量影响产能变量"或者"施工变量影响产能变量"的关系，从压裂环节生产决策的角度讲，压裂变量优化设计中不同变量之间作用的影响机理研究有待补充，变量之间影响的因果网络关系有待进一步挖掘。本书以现有的研究为基础，在影响因素分类的情况下，对压裂施工环节中压裂输入变量的影响效应进行检验，挖掘有利于压裂输入变量设计的变量间作用机制。

现有的研究文献充分考察不同施工变量对产能水平的影响，体现在对产能的预测分析及产能影响因素考察两个主要方面。从研究的视角来看，存在进一步拓展的方面，现有文献直接应用了不同变量对产能有直接影响的前提条件，对不同变量之间的影响关系辨析重视不足。基于上述研究的不足，本章对储层改造过程中，地质变量、压裂变量及产能变量的影响关系进行辨析，对压裂输入变量的影响机理进行深入挖掘，给出压裂输入变量影响产能的作用方式及影响程度。

3.2 压裂输入变量调节效应检验分析

3.2.1 压裂变量的调节作用机理阐述

致密气储层产量变化不仅受储层地质规律的影响，而且受压裂施工等其他因素的影响。从开采的技术过程来看，产气量最终的效果是项目各技术环节相互作用、相互制约的综合结果，是技术体系内在变化的综合反映[62]。孔隙度、基质渗透率、含气饱和度等储层物性特征对致密气产量有本质影响[63]。谭鹏等就深层裂缝性页岩油气藏低渗透等特点造成压裂施工难度大的问题，分析了酸化压裂过程中支撑剂对储层环境的改变情况，指出酸化处理前后，储层晶间孔隙度变化明显[64]，因此，适当的酸岩反应对储层粒间孔及晶体溶孔的形成具有积极的作用，改善了岩石本身的孔隙特征及连通性。束青林等分析特低渗透油气藏的有效渗透能力，通过长岩心酸化实验进行机理研究，指出各段岩心不同注酸量的渗透率结果差异较大[65]，因此，支撑剂注入量对储层渗透率的变化产生影响。李国旗等和吕华永分析水力压裂过程指出，注入水（压裂液）在携带煤泥对裂缝形成堵塞时，煤体的渗透性将降低，从而使水流动性下降，压裂随之提高，因此，压裂液在储层压裂过程中对渗透性的变化有影响[66, 67]。张玉荣研究了在油藏开采过程中，分层注水对储层变量（孔隙度、渗透率）变化机理的影响，结论说明注水量在一定程度、一定时间内改变了储层孔隙度状况及储层渗流条件[68]。

基于以上分析可以看出，储层压裂过程中，压裂输入变量（入地总量、陶粒用量、混砂液量）对地质变量影响产能水平的关系具有一定的调节作用，据此，提出本章变量影响关系辨析的研究假设。

3.2.2 压裂输入变量调节效应检验的基本假设

假设：压裂输入变量在地质变量影响产能的关系中具有调节作用。

具体检验内容：①入地总量对孔隙度影响单位有效时间产气量的调节作用；入地总量对基质渗透率影响单位有效时间产气量的调节作用；入地总量对含气饱和度影响单位有效时间产气量的调节作用；②陶粒用量对孔隙度影响单位有效时间产气量的调节作用；陶粒用量对基质渗透率影响单位有效时间产气量的调节作用；陶粒用量对含气饱和度影响单位有效时间产气量的调节作用；③混砂液量对孔隙度影响单位有效时间产气量的调节作用；混砂液量对基质渗透率影响单位有

效时间产气量关系的调节作用；混砂液量对含气饱和度影响单位有效时间产气量的调节作用。

通过对压裂输入变量调节作用的检验，明确在致密气开发储层改造过程中，压裂输入变量影响产能的作用形式，验证分析压裂输入变量作用机制的存在性。

3.3 压裂输入变量调节作用模型构建

图 3-1 表明致密气储层压裂过程中变量影响效应分析的两个方面。首先，针对现有研究中对不同类别变量作用机制研究的不足，分析压裂输入变量在储层压裂影响中的调节作用，检验压裂输入变量对地质影响产能的调节作用形式，通过数据影响规律的探究，呈现压裂输入变量在实际作用中的影响方式。其次，基于压裂输入变量调节效应检验，分析压裂输入变量、地质变量、产能之间影响的因果网络关系路径，挖掘实际生产决策中被忽视的变量影响的路径作用。

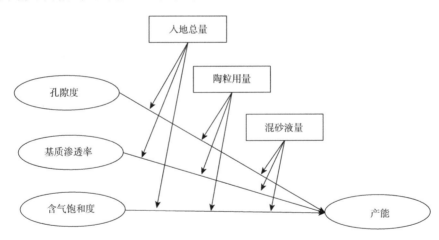

图 3-1 压裂输入变量在地质因素对产能水平影响中的调节作用模型

3.4 数 据 处 理

3.4.1 压裂施工数据介绍

压裂技术环节包括多项施工内容，具体如图 3-2 所示。压裂施工的作业流程主要包括搬迁安装、地面放喷、通井、洗井、射孔及压裂等六个。前五个施工流程主要为压裂做准备，其完成质量直接影响压裂施工的效果。整个试气阶段，由压裂施工要求与井控实施细则监测，系统输入"试气地质设计、压裂施工设计、施工通知单"；经过压裂施工输出实时动态数据，包括套压、油压、无阻流量等生产监测变量。其中，无阻流量有助于单井动态产能预测；套压、油压是与地层压裂相关的一组数据，其值的高低对油气释放快慢与产量水平有一定的影响。

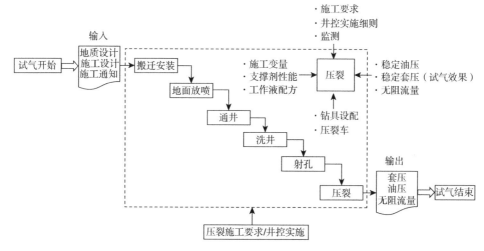

图 3-2 压裂施工的作业流程

压裂环节作为一个技术系统主要包括三个部分，即输入、技术系统及输出三个结构。输入是整个压裂技术系统的前期准备阶段，从技术全流程的视角看，输入部分包括压裂技术环节之前的一切技术过程，尤其是物探、测井等环节，这些技术过程都为压裂技术工作做前期的技术准备与基础构建，直接影响压裂技术效果；压裂技术系统部分便是实施开采油气的主体部分，也是直接检验整个技术施工效果的关键，这部分主要包括压裂的技术施工作业，通过具体的压裂变量监测压裂技术施工的过程；输出部分是对整个技术过程的效果反映，通过不同的效果变量来考评整个压裂技术的储层改造效果与最终的经济意义。压裂与产气效果具有最为直接的因果关系，也是风险最大的技术环节。因此，整个压裂技术阶段都要按照压裂施工的技术要求进行，同时以井控实施细则约束施工过程。

表 3-1 表明了压裂施工阶段的主要压裂变量内容。从流程施工过程来看，压裂变量主要有三类。第一类是施工数据，来源于压裂施工设计；第二类是压裂数据，根据试气地质设计获得地质变量，服务于地层改造环节，该部分数据反映压

裂施工的效果，包括混砂液量、入地总量、陶粒用量、砂比等压裂变量；第三类是放喷数据，反映试气最终施工效果，如无阻流量、日产气量，以及压裂效果数据，如稳定油压、稳定套压、流压等。

表 3-1　试气压裂技术环节的主要压裂变量来源与分类

数据来源	数据类别	数据代表
压裂系统过程	施工相关	射孔厚度、施工方式
压裂施工设计	压裂相关	混砂液量、入地总量、陶粒用量、砂比
压裂效果输出	压裂效果	稳定油压、稳定套压、流压
	产气效果	日产气量、无阻流量

压裂施工的地质变量主要由技术施工流程中的物探过程提供（表 3-2），物探过程主要是收集、测算反映储层岩性特性、储层结构等的数据，对储层的"孔、渗、饱"等物理属性进行判断。其中，含气饱和度、孔隙度、有效厚度、基质渗透率是物探过程的重要数据。致密气藏砂体内部结构复杂，非均质性强，通常具有"低渗、低压、低丰度"的储层特征，其分布规律与分布特征决定了产能效果的差异性。气藏特征是致密气分布、产生、运移、集中的最终结果，通常决定了油气资源成藏类型；而储层物性、压裂改造、实施策略则是进一步影响致密气井产能效果的重要因素。

表 3-2　物探环节的主要变量及其含义

数据名称	数据类别	数据含义
含气饱和度	储层物性	原始状态下，储层内天然气体积占连通孔隙体积的百分数
孔隙度	储层物性	岩石中孔隙体积与岩石总体积的比值
有效厚度	储层物性	正常开采工艺下，油气层中具有油气生产能力部分的厚度
基质渗透率	储层物性	在一定压差下，岩石允许流体通过的能力

传统气田开采模式下，存在不同区块、不同气井的生产差异性，影响气田生产效能的主要因素也因此存在较大的差异性。生产效能先验判断的不足将影响生产阶段的打井成功率。传统气田开采过程的各个环节决策相对孤立，数据传递不畅通，主要依据以往的工程经验、专家规则、研究人员的主观经验决策，无论生产效能的预测，还是实际生产效能的准确核实都缺少以数据分析为支撑的"流程式"管理决策体系。

基于压裂施工技术流程，影响致密气开采的因素主要分为四大类，即成藏特征类因素（包括圈闭因素、储层因素及压裂因素）、储层物性类因素（包括有效储层及渗透特性）、施工改造类因素（包括改造方式的选取及所用的配套化学物质）、压裂策略类因素（包括开采方式选择、射孔厚度等）。

（1）成藏特征类因素对致密气工程质量的影响效应。成藏特征类因素是指油气藏的分布、产生、运移、集中的最终结果，具有一定的地质运移、扩散规律与成藏的岩体属性。本书中的致密气生产数据基于我国知名的非常规油气开采气田中心。该地区致密气受砂体和物性控制，是典型的圈闭岩性气藏，孔隙度主要在3%~15%，峰值7%，渗透率主要分布区间为 0.025×10^{-3}~15.6×10^{-3} 平方微米，峰值为 0.63×10^{-3} 平方微米，其致密气藏属于低渗、低孔气藏。由于储集空间以空隙为主，渗透通道为喉道，其致密气藏属于典型的孔隙性气藏，同时具有异常低压的情况。这些因素综合作用使致密气藏形成低渗、低孔隙度及低丰度气藏，从而开采规律不明、开采难度大、成本高，依赖常规油气开采的技术理论与技术体系很难达到预期的开采效果。

（2）储层物性类因素对致密气工程质量的影响效应。有效储层判断为有油气藏生产能力的储层，反映了储层生产非常规油气的能力及油气藏的空间分布情况与流动规律。有效储层越大，储层气藏生产能力越强，储层气藏分布相对越广。技术实践中，往往以有效厚度来代表有效储层。由于流体在储层间具有流动性，空间衡量标准具有很大的误差，以有效厚度衡量更具工程实际性。储层物理特征是影响非常规油气流动、运移、渗透的重要条件，往往决定了油气藏的开采难度。工程实践中必须结合储层的物理特征对储层的特性进行科学判断，通常选取孔隙度、含气饱和度及基质渗透率作为主要的储层评价变量。孔隙度、含气饱和度及基质渗透率反映了不同储层中致密气的流动性、渗流速度、聚集程度。

（3）施工改造类因素对致密气工程质量的影响效应。储层压裂改造是油气藏增产提效的主要技术手段。常用的储层改造方式包含两类，即酸化改造与压裂改造。酸化改造通过化学物质溶蚀将地层内部的堵塞物溶解，从而扩大地层的孔隙度，减小油气藏进入开采井的阻力，获得高产。酸化改造表现为化学添加剂。压裂改造与酸化改造相辅相成，通过注入大量的化学物质，在开采井底地层形成局部高压，储层在外力作用下形成裂缝；通过向储层裂缝注入压裂液进行填充，改变储层结构，从而使气藏可以通过改造后的高渗透储层流向气井，从而提高气井产量。基于本书的研究目标与选取的研究对象，不考虑气藏开采井改造方式对产量的影响。化学物质配比就是改造时注入的化学物质组合，它是改造方式取得效果的保证，其配比会影响致密气井的最终产量。在压裂改造中，压裂液和支撑剂是最关键的化学物质，决定增产效果的好坏。压裂液分为前置液、携砂液与顶替液，在本书的研究对象区域表现为前置液量、混砂液量、含砂浓度。支撑剂用于填补裂缝和支撑裂缝，在本书的研究对象区域表现为入地总量和陶粒用量。因此，压裂液和支撑剂的用量会影响油气藏单井的增产效果，影响油气藏的单井产能效率。

（4）压裂策略类因素对致密气工程质量的影响效应。基于开采目标，油气藏开采方式会有不同，在本书的研究对象区域，气藏开采方式一般分为保持压裂开采和衰竭式开采两种。开采方式会影响气井的出气速度和出气量，从而影响气井的产量和可开采年限。从理论角度讲，衰竭式开采时，气井的前期产气量较高，后期套压变化出气速度会减缓，产气量降低，最终导致可开采年限缩短。因此，可通过控制压裂的开采方式影响气井产量。均衡开采是指整个开采过程中技术与储层结构、采气速度的均衡性。一方面，假如施工改造方式对储层改造的效果预期较差，释放气藏将达不到预期的开采效果，从而影响气井产量；另一方面，假如出气速度和采气速度不均衡，将影响气藏采集到集气站的及时性，从而影响单井产气量。压裂开采时，通过气井射开厚度注入化学物质对地层进行压裂改造。因此，射开厚度反映了对储层的损伤情况。

样本数据来源。本书研究使用的原始数据来源于苏里格致密气气田中心的研究数据，主要包括：①致密气气田中心、动态所及生产所的处理后数据，主要用于分析、研究及决策使用；②乙方公司提供，主要是物探、钻井、测井等环境的施工搜集数据，产生于施工仪表采集、记录现场施工数据等；③甲方数据，主要是目标数据及乙方公司完工提交的反馈数据。

数据校验包括三个方面。第一，多方确定。同一属性数据来源不同，要进行来源确认，依据相同的测量、提取标准保证数据的一致性；记录有误的数据，以传感器记录的数据为主。第二，实地调研。与施工现场的技术人员沟通，了解数据的结构、含义、记录方式，以确保数据的真实性。第三，数据筛选。对记录数据中表现异常及明显不同的数据，向记录主体进行多方咨询，明确记录中存在的问题，及时进行补充与删除。

获取数据时，依据本书提出的"技术全流程"分两个环节提取，第一类是压裂技术施工环节之前的地质及储层特征数据，主要是单口井的物探数据，包括开采模式（井型）、有效厚度、层数、泥质含量、孔隙度、全烃、含气饱和度等（部分数据形式见表3-3）。第二类是单口井压裂施工技术环节产生的生产及压裂输入变量，主要包括前置液量、混砂液量、入地总量、陶粒用量、砂比、施工排量等变量（部分数据形式见表3-4）。

表 3-3　单井生产的物探属性数据

井型	有效厚度/米	层数	泥质含量	孔隙度	全烃	含气饱和度
直井	5.10	3	5.48%	7.71%	13.63%	68.11%
直井	12.30	5	13.78%	8.46%	6.41%	56.71%
直井	12.80	5	8.56%	7.92%	14.07%	54.36%

续表

井型	有效厚度/米	层数	泥质含量	孔隙度	全烃	含气饱和度
直井	28.60	6	7.64%	10.42%	21.63%	53.31%
直井	9.60	3	15.14%	8.63%	10.36%	42.41%
直井	13.30	3	12.58%	8.41%	55.12%	64.59%
直井	12.30	5	13.45%	8.12%	25.45%	61.58%
直井	24.50	6	8.44%	9.67%	44.65%	66.91%
直井	1.50	1	2.80%	7.50%	2.71%	58.50%
直井	15.40	3	12.85%	8.53%	5.81%	48.66%

表 3-4 单井生产的压裂数据　　　　单位：立方米

前置液	混砂液量	入地总量	陶粒用量	砂比
200	249.2	653.2	46.8	18.3%
138	172.9	460.0	31.8	17.7%
120	146.3	397.1	26.8	17.5%
120	148.0	390.7	26.8	17.3%
138	167.0	441.3	31.8	17.7%
220	269.0	681.5	51.8	18.6%
220	269.0	681.2	51.8	18.6%
220	269.0	681.2	51.8	18.6%
220	241.7	474.7	43.5	18.0%
220	241.7	474.7	43.5	18.0%

　　根据致密气生产储层改造的压裂技术选择来看，我国致密气压裂开采的技术应用比较多，如裸眼封隔器四段压裂、裸眼封隔器十一段体积压裂、裸眼封隔器三段压裂、裸眼封隔器七段压裂、裸眼封隔器六段压裂等。但是从实际生产井的压裂改造来看，所用的压裂技术主要包括单封储层压裂、裸眼封隔器压裂、双封酸化压裂、三封压裂、水力喷射压裂、四封压裂。考虑到生产样本的可分析性，本书微观视角的压裂变量调节效应检验将对这几类压裂技术进行分析，从宏观视角分析整体样本变量间的结构性关系。

3.4.2 样本缺失值处理

　　（1）缺失值报告：致密气整个技术流程由不同的施工单位分阶段进行作业，彼此之间的数据记录是独立进行的，因此，生产数据记录的缺失值与异常值问题不可避免。

综合压裂的技术生产数据中有 329 个生产样本没有缺失值。泥质含量最大的缺失值数为 8 个，孔隙度、基质渗透率、含气饱和度缺失值数为 5 个，陶粒用量与砂比的缺失值数为 2 个。5 个生产样本缺失泥质含量、孔隙度、基质渗透率及含气饱和度的统计值，有 3 个生产样本缺失泥质含量的统计值，有 2 个样本缺失陶粒用量与砂比的统计值。

单封压裂技术生产数据缺失值情况。生产样本总数为 78 个，无缺失值的样本数为 58 个。陶粒用量、砂比及基质渗透率最大的缺失值数为 16 个，泥质含量的缺失值数为 2 个，全烃的缺失值数为 3 个；有 14 个生产样本缺失陶粒用量、砂比及含砂浓度统计值，有 1 个样本缺失砂比统计值，有 1 个生产样本缺失砂比、陶粒用量、含砂浓度及全烃统计值，有 1 个样本缺失泥质含量、陶粒用量、砂比及含砂浓度统计值，有 1 个生产样本缺失泥质含量与全烃统计值。

双封酸化压裂技术生产数据统计中共有 181 个生产样本，没有缺失值的样本数为 160 个。陶粒用量、砂比及含砂浓度最大的缺失值数为 11 个，全烃的缺失值数为 10 个。有 9 个统计样本缺失陶粒用量、砂比及含砂浓度统计值，有 2 个样本缺失陶粒用量、砂比、混砂液量及含砂浓度统计值。

三封压裂技术生产统计完整样本量为 219 个，没有缺失值的样本数为 189 个。砂比最大的缺失值数为 16 个。有 10 个样本缺失孔隙度、陶粒用量、砂比统计值，有 8 个样本缺失含砂浓度与入地总量统计值，有 3 个样本缺失陶粒用量统计值，有 1 个样本缺失含砂浓度统计值，有 1 个样本缺失含气饱和度统计值，另有 1 个样本缺失基质渗透率统计值。

四封压裂技术的完整统计样本数为 84 个，没有缺失值的样本数为 64 个。陶粒用量与基质渗透率的最大缺失值数为 9 个。有 9 个生产样本缺失陶粒用量、基质渗透率、含气饱和度统计值，有 5 个样本缺失孔隙度统计值，有 3 个样本缺失砂比统计值，有 2 个样本缺失泥质含量与全烃统计值。

裸眼封隔器压裂技术生产数据样本数为 89 个，没有缺失值的样本数为 56 个。陶粒用量最大的缺失值数为 11 个。有 7 个样本缺失陶粒用量、砂比及基质渗透率统计值，有 5 个样本缺失混砂液量统计值，有 3 个样本缺失含砂浓度统计值，有 1 个样本缺失基质渗透率统计值。

水力喷射压裂技术生产样本数为 73 个，没有缺失值的样本数为 55 个。基质渗透率最大的缺失值数为 7 个，有 7 个样本缺失全烃、砂比及陶粒用量统计值，有 5 个样本缺失混砂液量和含砂浓度统计值，有 1 个样本缺失陶粒用量统计值，有 1 个样本缺失砂比统计值，有 1 个样本缺失基质渗透率统计值。

（2）缺失值处理：处理缺失值的思路如图 3-3 所示，主要采用删除缺失值与插补缺失值两种方法。行删除缺失值法假定完整的观测样本只是全样本的一个随机子集，566 个生产样本是 1 250 个观测样本的随机子集。删除所有含缺失值的观测样本将减少可用的观测样本，从而导致统计效力降低。因此，本书处理缺失值采用删除与插补缺失值相结合的方法。

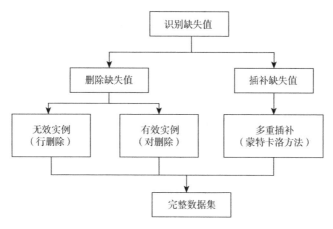

图 3-3 不完整数据处理思路

　　面临复杂缺失数据问题时，通常采用多重插补的方法，用蒙特卡洛方法来填补缺失值，最终将包含缺失值的数据集生成一组完整的数据集。多重插补法通过重复模拟处理缺失值。图 3-4 表明通过 mice 程序包进行多重插补的步骤。将标准的统计方法应用到每个模拟的数据集上，再通过组合输出结果得到最终的估计结果，同时引入缺失值时的置信区间。本书应用链式方程的多重插补法对缺失值进行补充，借助 R 语言中的 mice 程序包实现。

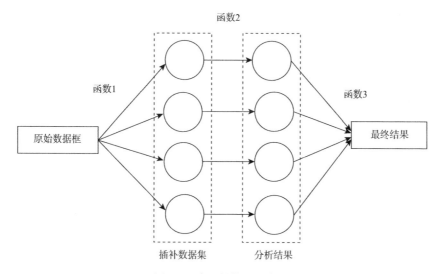

图 3-4 多重插补法的步骤

插补缺失值处理分为三个步骤。第一步，从包含缺失数据的原始数据框开始，应用 mice（）函数，返回包含多个完整数据集的对象，生成插补数据集。在该过程中，由于插补过程的随机性，生成的每个完整数据集都略有不同。第二步，应用 with（）函数对每个生产的完整数据集进行统计模型分析，如线性模型，从而生成分析结果。第三步，将单纯的分析结果整合为一组结果。多重插补法产生的不确定性将由模型的标准误差与 P 值等变量反映。其中，在缺失值的插补过程中，含有缺失值的变量都将默认通过数据集中的其他变量来预测，这部分应用 Gibbs 抽样完成，通过预测方程来预测从而形成缺失值的有效值，该过程不断迭代直到所有的缺失值达到收敛的效果为止。进一步用预测的值代替连续型变量中的缺失数据，其中多重插补法可以根据具体需要进行选择。

3.4.3　样本异常值处理

异常值分析是对数据的一种检验过程，即检验是否有录入错误或不含常理的数据。异常值作为样本中的个别值，往往会明显偏离其余的观测值，因此有必要对异常值进行处理。本书对多重插补法生成的完整数据集进行异常观测值判断与处理。异常样本判断包括对离群点、高低杠杆值点及强影响点的判断，最终删除这类对分析结果产生较大负面影响的样本观测值。

3.4.4　样本数据质量分析

3.4.4.1　变量重要性分析

有效时间产气量在致密气的实际开采过程中具有很好的预测功能，是工程施工监测的重要生产变量。考察哪些变量对有效时间产气量的预测最为重要是工程施工中最感兴趣的内容。本书选取相对权重（relative weight）对单位有效时间产气量的预测变量的重要权重做简要的分析。相对权重是一种极具应用前景的方法，它是对所有可能的子模型添加一个预测所引起的 R^2 平均增加量的一个近似值的估算。

图 3-5 表明了地质因素与压裂输入变量等对单位有效时间产气量模型方差的解释程度。其中，入地总量具有最高解释程度（32.12% 的 R^2 变化），基质渗透率对 R^2 变化的解释程度最低，为 0.05%。

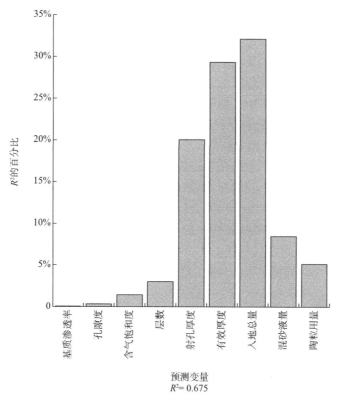

图 3-5　单位有效时间产气量多元回归中各变量相对权重

　　单封压裂技术有效时间产气量的预测变量相对权重中，对模型方差解释程度最高的预测变量是砂比，比重为 28.59%，含砂浓度次之，比重为 27.70%。有效厚度对 R^2 变化的解释程度最低（2.21%）。

　　双封酸化压裂技术中，单位有效时间产气量的预测变量对模型方差的解释程度中，基质渗透率对模型方差的解释程度为 71.55%，含气饱和度对模型方差的解释程度为 13.39%，全烃对模型方差的解释程度为 3.70%，射孔厚度对模型方差的解释程度为 2.30%，入地总量对模型方差的解释程度为 2.21%，层数对模型方程的解释程度为 1.93%，孔隙度对模型方差的解释程度为 1.34%，混砂液量对模型方差的解释程度为 1.89%，其他预测变量，包括有效厚度、陶粒用量、砂比及含砂浓度对模型方差的解释程度均不到 1%。

　　三封压裂技术单位有效时间产气量的预测变量对模型方差的解释程度中，最高的是基质渗透率与有效厚度，解释程度分别达到 50.14% 与 18.00%。具有较高模型方差解释程度的预测变量为孔隙度，解释了 6.96% 的方差变异性，同时，具有相同相对重要性的预测变量为含气饱和度，其方差变异解释程度为 5.53%。其

余预测变量对 R^2 变化的解释程度均较低，保持在 5% 以下的水平。

四封压裂技术中，单位有效时间产气量的预测变量对模型方差的解释程度没有占据绝对优势的变量。其中，有效厚度解释了 17.05% 的 R^2 变化，为最高解释程度变量。而混砂液量解释了 2.05% 的 R^2 变化。

裸眼封隔器压裂技术中，单位有效产气量的预测变量对模型方差的解释程度显示，含砂浓度的 R^2 变化解释程度最高，相对权重为 41.66%，其他依次为砂比、混砂液量、入地总量，权重分别为 12.53%、10.83%、10.72%。其他预测变量的相对权重值比较低，陶粒用量的相对权重较其余变量高，解释了 6.54% 的 R^2 变化，孔隙度的相对权重最低，只解释了 1.31% 的 R^2 变化。

水力喷射压裂技术中各个预测变量对模型方差的解释程度显示，砂比解释了 18.45% 的 R^2 变化，有效厚度解释了 14.00%，陶粒用量解释了 13.02%，混砂液量解释了 13.52%，入地总量解释了 11.14%，其余变量对 R^2 变化的解释程度在 5% 左右。基质渗透率的解释程度最低，仅解释了 1.76% 的 R^2 变化。

综上所述，单位有效时间产气量模型方差的解释因素在不同的压裂技术应用前提下不同，除了双封酸化压裂技术与三封压裂技术中基质渗透率对模型方差的解释程度超过 50% 之外，其他技术条件下，预测变量对模型方差的解释程度相当，没有哪一个预测变量能够绝对解释大部分的模型方差，而压裂输入变量对产能的影响重要性得以充分体现。

3.4.4.2　变量多重共线性分析

自变量与调剂变量之间的共线性问题，即本质的共线性（essential collinearity），影响调节效应检验的结果[69]。需要检验不同压裂技术条件下，单位有效时间产气量主要预测变量可能出现多重共线性的情况。本书使用容忍度（tolerance）与方差膨胀因子（variance inflation factor，VIF）对变量间的多重共线性进行检验，从而避免模型或者数据的微小变化导致估计系数的较大变化情况。表 3-5 表明了综合压裂技术体系下，以单位有效时间产气量为因变量的预测变量间的多重共线检验结果。其中，所有自变量容忍度均大于 0.1，方差膨胀因子数均小于 2，其方差膨胀因子均未超过一般判断变量多重共线性的最高标准 10。同时，在单封压裂、双封酸化压裂、三封压裂、四封压裂、裸眼封隔器压裂及水力喷射压裂技术体系下，以单位有效时间产气量为因变量分别对预测变量做多重共线性检验，均显示出类似的检验结果，其预测变量的多重共线性检验变量都在合理的取值范围内。

表 3-5 回归模型预测变量的多重共线性检验结果（综合压裂）

变量	非标准化系数		标准系数	t	P	共线性统计量	
	系数值	标准误差				容差	方差膨胀因子
孔隙度	-1.5	7.745	-0.009	-0.194	0.847	0.687	1.455
基质渗透率	6.18	19.479	0.015	0.317	0.751	0.723	1.383
含气饱和度	2.157	1.42	0.069	1.519	0.130	0.779	1.283
入地总量	0.092	0.008	0.567	11.972	0	0.712	1.405
陶粒用量	-1.964	0.223	-0.44	-8.813	0	0.640	1.562
砂比	1.799	4.167	0.018	0.432	0.666	0.908	1.101
混砂液量	0.52	0.073	0.371	7.141	0	0.591	1.693

3.5 压裂输入变量对地质变量影响产能关系的调节效应分析

3.5.1 假设检验实现的研究方法选择

研究假设的检验方法选择：应用层次回归分析检验压裂输入变量对储层物性与产能关系的调节作用。具体步骤为：第一步，将控制变量引入回归模型；第二步，将自变量与调节变量引入模型；第三步，将自变量、调节变量及自变量与调节变量的交互项引入模型[70]。此后，对方程检验使用 Bootstrap 检验。

3.5.2 压裂输入变量调节作用假设检验过程

本书以压裂输入变量体现致密气生产的技术特点，通过压裂输入变量的交互效应分析，检验其对地质与单位有效时间产气量之间关系的调节效能。第一步，分析控制变量的回归模型；第二步，分析控制变量、预测变量及调节变量的回归模型；第三步，分析控制变量、预测变量、调节变量及交互影响项的回归模型。

3.5.2.1 综合压裂施工条件下压裂输入变量的调节效应分析

综合压裂体系下，施工压裂变量对地质特征影响单位有效时间产气量的调节作用检验结果如表 3-6 所示。在施工压裂变量的调节效应检验过程中，分别考虑不同的地质特征：孔隙度、基质渗透率、含气饱和度分别受入地总量、陶粒用量、混砂液量与含砂浓度的调节效应的影响。检验结果显示，存在显著调节作用的变量关系为：入地总量调节了孔隙度与单位有效时间产气量之间的影响关系。表 3-6 表明了空隙度与单位有效时间产气量之间显著的正相关关系。同时，交互项"孔隙度×入地总量"对单位有效时间产气量有显著的正向影响关系，因此，入地总量强化了孔隙度对单位有效时间产气量之间的正向影响作用。

表 3-6　入地总量调节效应检验的模型回归结果（综合压裂）

类型	变量	孔隙度—单位有效时间产气量		
		模型 1	模型 2	模型 3
控制变量	有效厚度	0.176	0.417	0.501
	射孔厚度	-0.302	-0.150	-0.125
	层数	0.710	0.203	0.158
自变量	孔隙度	—	0.015^{*}	0.055^{*}
调节变量	入地总量	—	0.411^{***}	0.347^{***}
交互影响项	孔隙度×入地总量	—	—	0.482^{*}
检验效果	F	106.938^{***}	96.849^{***}	82.576^{***}
	R^2	0.505	0.608	0.614
	调整的 R^2	0.501	0.602	0.607
	ΔR^2	—	0.103^{***}	0.006^{*}

*、***分别表示在 10%和 1%显著性水平下显著

注：$N=318$

图 3-6 表明综合压裂技术体系下，入地总量正向加强了孔隙度与单位有效时间产气量之间的作用方向与影响程度。从入地总量与孔隙度之间的交互影响作用来看，致密气开采过程中，入地总量对孔隙度表达的储层物性变化有积极的影响作用，改变了储层物性的状况，促成有利于致密气生产条件的达成；孔隙度的变化对入地总量的需求水平也在某种程度上产生作用，从而形成了入地总量通过影响孔隙度的方式间接影响致密气产能的变量因果作用关系。

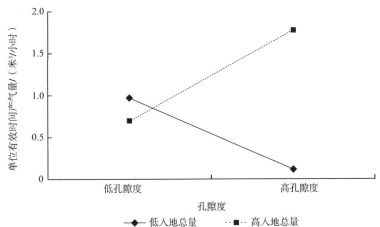

图 3-6　入地总量调节效应的作用方式（综合压裂）

关于调节效应显著性的进一步检验,本书采用 SPSS 软件的 Process 插件分析,同时结合 Bootstrap 随机抽样的方法对入地总量的具体作用进一步检验。表 3-7 表明了检验结果,在 Bootstrap 反复抽样 5 000 次条件下,R^2 变化受交互项的显著影响,入地总量对孔隙度与单位有效时间产气量之间的调节作用得到进一步的验证。以入地总量的均值为界限,通过加减一个标准差的形式表达其调节水平的高低,结果显示:在入地总量低于平均水平的情况下,主效应的置信区间在 −0.257 1 与 0.019 5 之间,包含零值,此时入地总量的调节作用不显著。而在入地总量高水平的情况下,主效应的置信区间不包括零值,在系数为正值的情况下,入地总量对两者关系具有显著的正向调节作用。

表 3-7 入地总量调节效应的 Bootstrap 检验结果(综合压裂)

模型		孔隙度—单位有效时间产气量				
交叉项引起的 R^2 变化		改变的 R^2	F	自由度 1	自由度 2	P
		0.006 2	4.999 7	1	311	0.026 1
调节变量不同取值水平下孔隙度(X)对单位有效时间产气量(Y)的影响	入地总量	影响系数	估计标准误差	t	P	[LLCI, ULCI]
	均值减去一个标准差	−0.118 8	0.070 3	−1.690 1	0.092 0	[−0.257 1, 0.019 5]
	均值	0.055 5	0.040 3	1.379 5	0.168 7	[−0.023 7, 0.134 8]
	均值加上一个标准差	0.537 9	0.236 2	2.277 3	0.023 4	[0.073 2, 1.002 7]

基于 J-N 法简单斜率检验的变量间调节效应分析。J-N 法始于协方差分析,后来被 Bauer 与 Curran 引入回归模型分析中[71],用以连续型调节变量的简单斜率检验。J-N 法在调节变量的整个取值范围内寻找简单斜率显著不为零时的取值范围,这样不仅突破了选点法进行简单斜率检验的局限,而且获得了更多的统计信息,从而确定分析交互作用的具体情况,考察调节变量那些取值范围内自变量的统计效应显著与不显著的情况[72]。应用 J-N 法综合考察入地总量在储层改造中的调节效应,结果表明,单位有效时间产气量影响不显著的入地总量取值区间为 [−0.070 7,0.067 7]。本书中有 82.08% 的入地总量取值在该范围内,其余 17.92% 的入地总量取值高于 0.107 5,说明单位有效时间产气量影响效应受入地总量的调节作用在高入地总量的样本下显著,入地总量调节效应显著的置信区间为 [0.041 8, 15.931 0]。这部分样本中,入地总量正向预测单位有效时间产气量的水平。

3.5.2.2 单封压裂施工条件下压裂输入变量的调节效应分析

入地总量的调节效应:单封压裂中压裂输入变量的调节作用检验结果显示,基质渗透率对单位有效产气量的影响显著受入地总量与含砂浓度的调节。表 3-8 表明基质渗透率与单位有效产气量正向相关,交互影响项"基质渗透率×入地总量"对单位有效时间产气量有显著的负向影响效应，说明入地总量减弱了基质渗透率与单位有效时间产气量之间的正向相关关系。

表 3-8　入地总量调节效应检验的模型回归结果（单封压裂）

类型	变量	基质渗透率—单位有效时间产气量		
		模型 1	模型 2	模型 3
控制变量	有效厚度	-0.029	0.087	0.115
	射孔厚度	-0.031	0.082	0.134
	层数	-0.199	-0.254	-0.226
自变量	基质渗透率	—	0.213	0.357^*
调节变量	入地总量	—	-0.216	-0.289
交互影响项	基质渗透率 × 入地总量	—	—	-0.240^*
检验效果	F	1.322	1.540	2.017^*
	R^2	0.061	0.115	0.173
	调整的 R^2	0.015	0.040	0.087
	ΔR^2	—	0.054^*	0.057^*

*表示在 10%显著性水平下显著

图 3-7 表明单封压裂技术体系下，入地总量反向加强了基质渗透率与单位有效时间产气量之间的作用方向与影响程度。

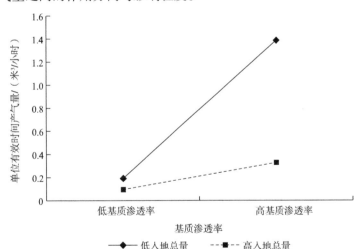

图 3-7　入地总量调节效应的作用方式（单封压裂）

表 3-9 表明入地总量 Bootstrap 检验结果。R^2 变化受交互项的显著影响，入地总量对基质渗透率与单位有效时间产气量之间的调节作用得到进一步检验。在入地总量低水平状态下，主效应的置信区间为[$-0.143\ 1$, $0.377\ 5$]，包含零值，表明基质渗透率对单位有效时间产气量的影响作用不显著；在入地总量高水平的状态下与平均水平下，主效应的置信区间为[$0.143\ 7$, $1.051\ 8$]与[$0.075\ 9$, $0.639\ 1$]，不包括零值，且系数为正值，表明基质渗透率对单位有效时间产气量有显著的正向影响效应。

表 3-9　入地总量调节效应的 Bootstrap 检验结果（单封压裂）

模型		基质渗透率—单位有效时间产气量				
交叉项引起的 R^2 变化		改变的 R^2	F	自由度 1	自由度 2	P
		0.057 2	4.011	1	58	0.049 9
调节变量不同取值水平下孔隙度（X）对单位有效时间产气量（Y）的影响	入地总量	影响系数	估计标准误差	t	P	[LLCI, ULCI]
	均值减去一个标准差	0.117 2	0.130 0	0.901 5	0.317 7	[−0.143 1, 0.377 5]
	均值	0.357 5	0.140 7	2.541 2	0.013 7	[0.075 9, 0.639 1]
	均值加上一个标准差	0.597 7	0.226 8	2.635 3	0.010 8	[0.143 7, 1.051 8]

经 J-N 法考察入地总量的调节效应发现，当入地总量取值低于 0.472 9 时，置信区间不包括简单斜率为零值的点，因此，在入地总量高于 0.472 9 的水平时，单位有效时间产气量对基质渗透率的回归系数显著不为零。在入地总量高水平取值范围内，单位有效时间产气量对基质渗透率的回归关系受入地总量显著调节作用的影响。入地总量的整体样本中有 70.77% 的取值低于 0.472 9，有 29.23% 样本取值高于 0.472 9，说明入地总量在较低取值范围内的调节作用比较明显。

3.5.2.3　双封酸化压裂施工条件下压裂输入变量的调节效应分析

混砂液量的调节效应：表 3-10 表明双封酸化压裂技术体系下孔隙度的主效应值为正值，但是不具有统计显著性，混砂液量的主效应显著为负值。另外交互项的估计系数显著为正值（0.206），说明孔隙度与单位有效时间产气量之间的关系随着混砂液量取值水平的提高而加强。

表 3-10　混砂液量调节效应检验的模型回归结果（双封酸化压裂）

类型	变量	孔隙度—单位有效时间产气量		
		模型 1	模型 2	模型 3
控制变量	有效厚度	−0.073	0.008	0.037
	射孔厚度	0.096	0.261	0.293
	层数	0.169	0.234	0.202
自变量	孔隙度	—	0.042	0.069
调节变量	混砂液量	—	−0.354**	−0.340**
交互影响项	孔隙度×混砂液量	—	—	0.206*
检验效果	F	2.475*	3.015*	3.756**
	R^2	0.047	0.092	0.132
	调整的 R^2	0.028	0.061	0.097
	ΔR^2		0.045*	0.04*

*、**分别表示在 10% 和 5% 显著性水平下显著

图 3-8 表明双封酸化压裂技术体系下，混砂液量加强了孔隙度与单位有效时间产气量之间的作用方向与影响程度。混砂液量通过影响孔隙度的状态水平进而间接影响产能。

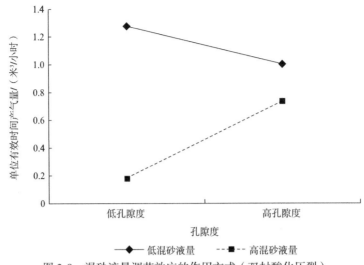

图 3-8　混砂液量调节效应的作用方式（双封酸化压裂）

表 3-11 表明随着混砂液量水平的提高，单位有效时间产气量在双封酸化压裂技术体系下对基质渗透率的斜率逐渐增大。在低水平下（均值减去一个标准差）与均值水平下（均值）的混砂液量取值条件下，简单斜率分别为−0.132 4 与 0.068 5，此时主效应的置信区间分别为[−0.341 6，0.076 8]与[−0.095 1，0.232 2]，包含零值，说明孔隙度对单位有效时间产气量影响作用不显著。高水平混砂液量取值条件下，主要的置信区间为[0.033 4，0.505 6]，不包含零值，且具有统计显著性；此时，孔隙度对单位有效时间产气量有显著的影响效应，因此混砂液量在其中发挥重要的调节作用。

表 3-11　混砂液量调节效应的 Bootstrap 检验结果（双封酸化压裂）

模型		孔隙度—单位有效时间产气量				
交叉项引起的 R^2 变化		改变的 R^2	F	自由度 1	自由度 2	P
		0.040 3	6.865 9	1	148	0.009 7
调节变量不同取值水平下孔隙度（X）对单位有效时间产气量（Y）的影响	混砂液量	影响系数	估计标准误差	t	P	[LLCI，ULCI]
	均值减去一个标准差	−0.132 4	0.105 9	−1.250 7	0.213	[−0.341 6，0.076 8]
	均值	0.068 5	0.082 8	0.827 8	0.409 1	[−0.095 1，0.232 2]
	均值加上一个标准差	0.269 5	0.119 5	2.255 9	0.025 5	[0.033 4，0.505 6]

经 J-N 法具体考察调节效应发现，单位有效时间产气量的孔隙度影响效应不显著的混砂液量的取值区间为[−1.904 4，0.665 9]。研究中有 80.64%的混砂液量取值在该区间内；余下的样本中，有0.64%的混砂液量取值低于−1.904 4，有18.72%的混砂液量取值高于 0.665 9，说明单位有效产气量只在这部分较低范围内的混砂液量与较高范围内的混砂液量的取值范围内对孔隙度具有显著的统计规律。这部

分样本内孔隙度正向预测了单位有效时间产气量的水平。

3.5.2.4　三封压裂施工条件下压裂输入变量的调节效应分析

1）孔隙度受入地总量调节效应影响

表 3-12 说明了三封压裂技术体系下，孔隙度主效应在 10% 的显著水平下为正值，统计规律明显，入地总量的主效应为正值，但是不具有统计显著性，交互项系数显著为正值，入地总量在孔隙度影响单位有效时间产气量两者关系中，具有显著的调节作用。

表 3-12　入地总量调节效应检验的模型回归结果（三封压裂）（一）

类型	变量	孔隙度—单位有效时间产气量		
		模型 1	模型 2	模型 3
控制变量	有效厚度	0.238	0.211	0.226
	射孔厚度	0.014	0.054	0.173
	层数	0.008	−0.039	−0.101
自变量	孔隙度	—	0.166^*	0.210^{**}
调节变量	入地总量	—	0.069	0.044
交互影响项	孔隙度×入地总量	—	—	0.192^*
检验效果	F	4.553^{**}	4.044^{**}	4.238^{***}
	R^2	0.064	0.093	0.114
	调整的 R^2	0.050	0.070	0.087
	ΔR^2	—	0.029^*	0.022^*

*、**分别表示在 10% 和 5% 显著性水平下显著

图 3-9 表明三封压裂技术体系下，入地总量的高水平取值将加强孔隙度与单位有效时间产气量之间的作用方向与影响程度。

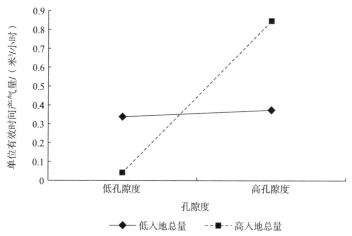

图 3-9　入地总量调节效应的作用方式（三封压裂）（一）

表 3-13 表明随着入地总量水平的提高，单位有效时间产气量在三封压裂技术

体系下对孔隙度的斜率逐渐增大。在入地总量低水平下（均值减去一个标准差）取值范围内，主效应的置信区间为[-0.173 6, 0.210 4]，包含零值，孔隙度对单位有效时间产气量的影响作用不显著。在入地总量均值与高水平下，主效应的置信区间分别为[0.065 7, 0.354 1]与[0.148 6, 0.654 2]，不包含零值，且系数显著为正值，孔隙度对单位有效时间产气量有显著的影响作用。经 J-N 法考察调节效应发现，单位有效时间产气量的孔隙度影响效应不显著的入地总量的取值小于-0.362 0。研究中有 44.61%的入地总量取值在该范围内；有 55.39%的入地总量取值高于-0.362 0，说明单位有效产气量在入地总量取值较高范围内对孔隙度具有显著的统计规律，且随着入地总量取值的增大，估计系数逐步增大。孔隙度正向预测了单位有效时间产气量的水平。

表 3-13　入地总量调节效应的 Bootstrap 检验结果（三封压裂）（一）

模型		孔隙度—单位有效时间产气量				
交叉项引起的 R^2 变化		改变的 R^2	F	自由度 1	自由度 2	P
		0.021 7	4.818 8	1	197	0.029 3
调节变量不同取值水平下孔隙度（X）对单位有效时间产气量（Y）的影响	入地总量	影响系数	估计标准误差	t	P	[LLCI, ULCI]
	均值减去一个标准差	0.018 4	0.097 3	0.189 1	0.850 2	[-0.173 6, 0.210 4]
	均值	0.209 9	0.073 1	2.871 1	0.004 5	[0.065 7, 0.354 1]
	均值加上一个标准差	0.401 4	0.128 2	3.131 2	0.002	[0.148 6, 0.654 2]

2）孔隙度受陶粒用量的调节效应影响

表 3-14 说明在三封压裂技术体系下，孔隙度的主效应为正值，且具有统计显著性，陶粒用量的主效应为负值，但是不具有统计显著性，交互项系数显著为正值，说明陶粒用量在孔隙度影响单位有效时间产气量两者关系中，具有显著的调节作用。

表 3-14　陶粒用量调节效应检验的模型回归结果（三封压裂）

类型	变量	孔隙度—单位有效时间产气量		
		模型 1	模型 2	模型 3
控制变量	有效厚度	0.238	0.239	0.251
	射孔厚度	0.014	0.081	0.024
	层数	0.008	-0.001	0.025
自变量	孔隙度	—	0.182*	0.224**
调节变量	陶粒用量	—	-0.066	-0.056
交互影响项	孔隙度×陶粒用量	—	—	0.159*
检验效果	F	4.553*	4.092*	4.222*
	R^2	0.064	0.094	0.114
	调整的 R^2	0.050	0.071	0.087
	ΔR^2	—	0.029*	0.020*

*、**分别表示在 10%和 5%显著性水平下显著

　　图 3-10 表明三封压裂技术体系下，陶粒用量的高水平取值将加强孔隙度与单位有效时间产气量之间的作用方向与影响程度。表 3-15 表明随着陶粒用量水平的提高，单位有效时间产气量在三封压裂技术体系下对孔隙度的斜率逐渐增大。在陶粒用量低水平下（均值减去一个标准差）取值范围内，主效应的置信区间为[−0.111 7，0.242 7]，包含零值，孔隙度对单位有效时间产气量的影响作用不显著。在陶粒用量均值与高水平（均值加上一个标准差）下，主效应的置信区间分别为[0.078 4，0.370 3]与 [0.149 3，0.617 1]，不包含零值，系数显著为正值，孔隙度对单位有效时间产气量有显著的影响作用。随着陶粒用量取值水平的提高，模型估计系数逐步增大，表明孔隙度对单位有效时间产气量的影响效应越来越强。

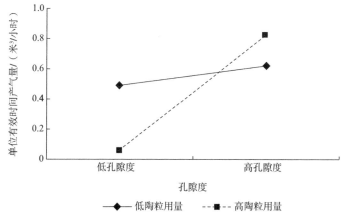

图 3-10　陶粒用量调节效应的作用方式（三封压裂）

表 3-15　陶粒用量调节效应的 Bootstrap 检验结果（三封压裂）

模型		孔隙度—单位有效时间产气量				
交叉项引起的 R^2 变化		改变的 R^2	F	自由度 1	自由度 2	P
		0.020 3	4.511 2	1	197	0.0349
调节变量不同取值水平下孔隙度（X）对单位有效时间产气量（Y）的影响	陶粒用量	影响系数	估计标准误差	t	P	[LLCI，ULCI]
	均值减去一个标准差	0.065 5	0.089 9	0.728 6	0.467 1	[−0.111 7，0.242 7]
	均值	0.224 3	0.074 0	3.030 7	0.002 8	[0.078 4，0.370 3]
	均值加上一个标准差	0.383 2	0.118 6	3.230 4	0.001 4	[0.149 3，0.617 1]

　　经 J-N 法具体考察陶粒用量的调节效应发现，单位有效时间产气量的孔隙度影响效应不显著的陶粒用量的取值小于−0.504 1。研究中有 36.27% 的陶粒用量取值在该范围内；有 63.73% 的陶粒用量取值高于−0.504 1，说明单位有效产气量在陶粒用量取值较高范围内对孔隙度具有显著的统计规律，且随着陶粒用量取值的增大，估计系数逐步增大。这部分样本中孔隙度正向预测了单位有效时间产气量的水平。

3）孔隙度受混砂液量的调节效应影响

表 3-16 说明了在三封压裂技术体系下，孔隙度的主效应为正值，且统计显著。混砂液量主效应为负值，但是不具有统计显著性。交互项系数显著为正值，说明混砂液量对孔隙度与单位有效时间产气量两者关系具有显著的调节作用。

表 3-16　混砂液量调节效应检验的模型回归结果（三封压裂）

类型	变量	孔隙度—单位有效时间产气量		
		模型 1	模型 2	模型 3
控制变量	有效厚度	0.238	0.236	0.246
	射孔厚度	0.014	0.114	0.090
	层数	0.008	−0.032	−0.027
自变量	孔隙度	—	0.179^*	0.238^*
调节变量	混砂液量		−0.049	−0.018
交互影响项	孔隙度 × 混砂液量	—		0.176^*
检验效果	F	4.553^{**}	4.024^{**}	4.500^{***}
	R^2	0.064	0.092	0.121
	调整的 R^2	0.050	0.069	0.094
	ΔR^2		0.028^*	0.028^*

*、**、***分别表示在 10%、5% 和 1% 显著性水平下显著

图 3-11 表明三封压裂技术体系下，混砂液量的高水平取值将加强孔隙度与单位有效时间产气量之间的作用方向与影响程度。

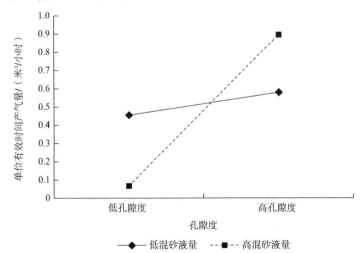

图 3-11　混砂液量调节效应的作用方式（三封压裂）

表 3-17 表明随着混砂液量水平的提高，单位有效时间产气量在三封压裂技术体系下对孔隙度的斜率逐渐增大。在混砂液量低水平下（均值减去一个标准差）取值范围内，主效应的置信区间为[−0.106 5，0.229 8]，包含零值，孔隙度对单位

有效时间产气量的影响作用不显著。在混砂液量均值与高水平（均值加上一个标准差）下，主效应的置信区间分别为[0.090 1，0.385 8]与[0.182 8，0.645 8]，不包含零值，且模型估计系数显著为正值，孔隙度对单位有效时间产气量有显著的影响作用。随着混砂液量取值水平的提高，模型估计系数逐步增大，表明孔隙度对单位有效时间产气量的影响效应越来越强。

表 3-17　混砂液量调节效应的 Bootstrap 检验结果（三封压裂）

模型		孔隙度—单位有效时间产气量				
交叉项引起的 R^2 变化		改变的 R^2	F	自由度 1	自由度 2	P
		0.028 3	6.337 3	1	197	0.012 6
调节变量不同取值水平下孔隙度（X）对单位有效时间产气量（Y）的影响	混砂液量	影响系数	估计标准误差	t	P	[LLCI, ULCI]
	均值减去一个标准差	0.061 6	0.085 3	0.722 6	0.470 8	[−0.106 5, 0.229 8]
	均值	0.237 9	0.075 0	3.174 3	0.001 7	[0.090 1, 0.385 8]
	均值加上一个标准差	0.414 3	0.117 4	3.529 1	0.000 5	[0.182 8, 0.645 8]

经 J-N 法具体考察混砂液量的调节效应表现形式发现，单位有效时间产气量的孔隙度影响效应不显著的混砂液量的取值小于−0.536 4。研究中有 32.35%的混砂液量取值在该范围内；有 67.65%的混砂液量取值高于−0.536 4，说明单位有效产气量在混砂液量取值较高范围内对孔隙度具有显著的统计规律，且随着混砂液量取值的增大，估计系数逐步增大。这部分样本中孔隙度正向预测了单位有效时间产气量的水平。

4）基质渗透率受入地总量调节效应影响

表 3-18 说明在三封压裂技术体系下，基质渗透率的主效应为正值，且统计显著。入地总量的主效应为正值，但是不具有统计显著性。交互项系数显著为负值，说明入地总量对基质渗透率与单位有效时间产气量两者关系具有显著的调节作用。

表 3-18　入地总量调节效应检验的模型回归结果（三封压裂）（二）

类型	变量	基质渗透率—单位有效时间产气量		
		模型 1	模型 2	模型 3
控制变量	有效厚度	0.238	0.245	0.242
	射孔厚度	0.014	−0.088	−0.092
	层数	0.008	0.028	0.004
自变量	基质渗透率	—	0.363***	0.313***
调节变量	入地总量	—	0.085	0.114
交互影响项	基质渗透率×入地总量	—	—	−0.141*
检验效果	F	4.553**	9.852***	9.096***
	R^2	0.064	0.199	0.217
	调整的 R^2	0.050	0.179	0.193
	ΔR^2	—	0.135***	0.018*

*、**、***分别表示在 10%、5%和 1%显著性水平下显著

图 3-12 表明三封压裂技术体系下，入地总量的低水平取值加强了基质渗透率与单位有效时间产气量之间的作用方向与影响程度。

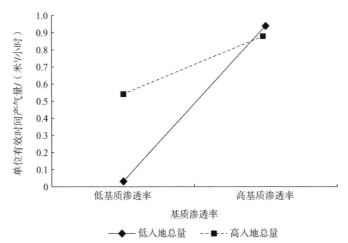

图 3-12　入地总量调节效应的作用方式（三封压裂）（二）

表 3-19 表明随着入地总量水平的提高，单位有效时间产气量在三封压裂技术体系下对基质渗透率的斜率逐渐增大。在入地总量高水平（均值加上一个标准差）取值范围内，主效应的置信区间为[−0.046 4，0.390 3]，包含零值，基质渗透率对单位有效时间产气量的影响作用不显著。在入地总量均值与低水平（均值减去一个标准差）下，主效应的置信区间分别为[0.179 5，0.446 3] 与 [0.303 5，0.604 2]，不包含零值，且模型估计系数显著为正值，基质渗透率对单位有效时间产气量有显著的影响作用。入地总量在低水平取值范围内，基质渗透率对单位有效时间产气量有显著的影响作用。

表 3-19　入地总量调节效应的 Bootstrap 检验结果（三封压裂）（二）

模型		基质渗透率—单位有效时间产气量				
交叉项引起的 R^2 变化		改变的 R^2	F	自由度 1	自由度 2	P
		0.017 7	4.455 8	1	197	0.036
调节变量不同取值水平下孔隙度（X）对单位有效时间产气量（Y）的影响	入地总量	影响系数	估计标准误差	t	P	[LLCI，ULCI]
	均值减去一个标准差	0.453 9	0.076 3	5.951 6	0	[0.303 5，0.604 2]
	均值	0.312 9	0.067 7	4.624 0	0	[0.179 5，0.446 3]
	均值加上一个标准差	0.171 9	0.110 7	1.552 9	0.122 1	[−0.046 4，0.390 3]

经 J-N 法具体考察调节效应发现，单位有效时间产气量的基质渗透率影响效应不显著的入地总量的取值大于 0.811 6。研究中有 14.22% 的入地总量取值在该范围内；有 85.78% 的入地总量取值小于 0.811 6，说明单位有效产气量在入地总

量取值较高范围内对基质渗透率具有显著的统计规律，在低水平的入地总量取值水平下，基质渗透率正向预测了单位有效时间产气量的水平。

3.5.2.5 水力喷射压裂施工条件下压裂输入变量的调节效应分析

表 3-20 表明了在水力喷射压裂下，孔隙度的主效应为正值，但是不具有统计显著性，陶粒用量的主效应为正值，且统计规律显著，交互项的估计系数显著为正值，说明陶粒用量对孔隙度与单位有效时间产气量之间发挥一定的调节作用。

表 3-20　陶粒用量调节效应检验的模型回归结果（水力喷射压裂）

类型	变量	孔隙度—单位有效时间产气量		
		模型 1	模型 2	模型 3
控制变量	有效厚度	0.492	0.374	0.461
	射孔厚度	0.320	−0.362	1.368
	层数	−0.103	0.240	−1.722
自变量	孔隙度	—	0.125	0.110
调节变量	陶粒用量	—	0.513	0.570^*
交互影响项	孔隙度×陶粒用量	—	—	0.578^{**}
检验效果	F	5.282^{**}	4.126^*	7.106^{***}
	R^2	0.398	0.484	0.670
	调整的 R^2	0.322	0.367	0.576
	ΔR^2		0.086	0.186^{**}

*、**、***分别表示在 10%、5% 和 1% 显著性水平下显著

图 3-13 表明水力喷射压裂技术体系下，陶粒用量的高取值范围内，孔隙度与单位有效时间产气量的关系得到进一步加强，低取值水平的陶粒用量则减弱了两者间的关系。

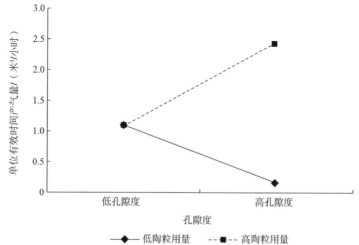

图 3-13　陶粒用量调节效应的作用方式（水力喷射压裂）

表 3-21 表明了陶粒用量在低水平和高水平取值范围内，主效应的置信区间包含零值，表明孔隙度对单位有效时间产气量的影响作用显著。当陶粒用量在均值水平条件下取值时，主效应的置信区间中包含零值，表明孔隙度对单位有效时间产气量的影响效应不显著。

表 3-21　陶粒用量调节效应的 Bootstrap 检验结果（水力喷射压裂）

模型		孔隙度—单位有效时间产气量				
交叉项引起的 R^2 变化		改变的 R^2	F	自由度 1	自由度 2	P
		0.186 1	11.839 3	1	21	0.002 5
调节变量不同取值水平下孔隙度（X）对单位有效时间产气量（Y）的影响	陶粒用量	影响系数	估计标准误差	t	P	[LLCI，ULCI]
	均值减去一个标准差	−0.467 6	0.200 1	−2.337 3	0.029 4	[−0.883 7，−0.051 5]
	均值	0.110 4	0.150 2	0.735 4	0.470 2	[−0.201 9，0.422 8]
	均值加上一个标准差	0.688 5	0.248 0	2.775 7	0.011 3	[0.172 6，1.204 3]

经 J-N 法具体考察调节效应的结果表明，单位有效时间产气量的孔隙度影响效应不显著的陶粒用量的取值区间为[−0.854 1，0.471 2]，研究中有 35.71%的研究样本陶粒用量取值在该区间内，有 64.29%研究样本的取值范围小于−0.854 1 及大于 0.471 2，样本比例分别占 25.00%及 39.29%。说明单位有效时间产气量只在这部分较高范围及较低范围内的陶粒用量取值时，对孔隙度具有显著的统计规律，此时，孔隙度正向预测了单位有效时间产气量的水平。

3.5.3　假设检验总结

本书通过多元线性回归分析、Bootstrap 分析及 J-N 分析对压裂输入变量在地质条件特征对单位有效时间产气量关系中的调节作用进行检验。表 3-22 总结了不同压裂施工条件下压裂变量对地质变量影响产能变量关系的调节作用。入地总量的调节效应主要表现在综合压裂、单封压裂及三封压裂施工条件下。陶粒用量的调节作用主要表现在三封压裂与水力喷射压裂施工条件下。混砂液量的调节作用主要表现在双封酸化压裂与三封压裂施工条件下。

表 3-22　假设验证的分析结果

技术条件	入地总量			陶粒用量			混砂液量		
	孔隙度	基质渗透率	含气饱和度	孔隙度	基质渗透率	含气饱和度	孔隙度	基质渗透率	含气饱和度
综合压裂	Y	—	—	—	—	—	—	—	—

技术条件	入地总量			陶粒用量			混砂液量		
	孔隙度	基质渗透率	含气饱和度	孔隙度	基质渗透率	含气饱和度	孔隙度	基质渗透率	含气饱和度
单封压裂	—	Y	—	—	—	—	—	—	—
双封酸化压裂	—	—	—	—	—	—	Y	—	—
三封压裂	Y	Y	—	Y	—	—	Y	—	—
水力喷射压裂	—	—	—	Y	—	—	—	—	—

注：Y 表示调节效应检验通过

3.5.4 结果分析

调节效应的检验结果表明，主要施工条件下，入地总量、陶粒用量、混砂液量对储层物性与产能变量关系的调节作用主要表现在孔隙度影响产能的关系中。其原因是，致密气开采过程中，酸化改造方式应用化学物质溶蚀作用，溶解储层内堵塞致密气的物质，从而扩大储层孔隙度，减少致密气进入气井的阻力。酸化改造最终以化学添加剂为主要实现手段。与酸化改造技术相辅相成的是压裂改造技术。本书研究样本中开采气井主要采用酸化改造与压裂改造的储层改造方式。因此，压裂液与支撑剂的用量水平是影响产能效果的重要因素。

从整体施工效果来看，入地总量对孔隙度与产能关系的调节作用比较明显；对基质渗透率与产能的调节作用主要表现在单封压裂与三封压裂的施工条件下。入地总量对含气饱和度与产能关系的调节作用不明显。技术应用是制约资源开采的关键因素：一是技术应用的成本；二是技术应用的适应性。我国致密气开采技术尚处于初期实验阶段，刚刚起步。因此，入地总量对地质变量与产能关系的调节作用表现出差异性，说明在压裂技术应用方面的地质规律和技术规律积累不足。

陶粒用量的调节作用主要表现在孔隙度与产能的影响关系中，对基质渗透率、含气饱和度与产能的调节效应不明显。陶粒用量的主要技术作用是支撑裂缝、提高储层的渗透率，其调节作用的显著与否在一定程度上说明了储层改造的效果好坏。三封压裂与水力喷射压裂施工条件下，陶粒用量具有明显的调节作用，说明在三封压裂与水力喷射压裂施工条件下，压裂变量的施工规律比较明显，在技术应用推广的前提下将有助于产能效果的科学预测。

混砂液量是压裂施工过程中的携砂液量，对影响储层改造效果、激发储层产能具有一定的决定性作用。双封酸化压裂与三封压裂施工条件中，混砂液量调节作用明显，说明携砂液量对压裂施工效果的影响作用比较明显，也侧面说明混砂液量对产能的影响作用不容忽视，是评估产能效果的重要压裂变量。

含砂液量的调节作用主要表现在两个方面：一是对基质渗透率与产能之间影响关系的调节；二是对含气饱和度与产能之间影响关系的调节。对基质渗透率与产能之间关系的调节作用主要体现在单封压裂、双封酸化压裂与三封压裂施工条件下；对含气饱和度与产能之间关系的调节作用主要表现在裸眼封隔器压裂施工条件下。含砂液量是压裂施工中的顶替液，决定了储层改造效果，从而对产能发挥间接的影响作用。

综上所述，压裂输入变量调节了地质变量与产能变量（以单位有效时间产气量为衡量标准）之间的影响关系。不同的压裂施工条件下，压裂输入变量调节作用表现不同，不同的压裂输入变量对同一地质变量与产能变量之间影响关系的调节作用也不相同。因此，在致密气开采的压裂技术应用研究领域，摸清技术应用的整体规律及其适应性仍然是我国在致密气开采领域面临的首要难题。在现有的压裂技术条件下，研究压裂输入变量的作用机理将有助于实施技术管理与数据分析决策。

3.5.5　研究结论

本书以单位有效时间产气量衡量致密气开采的产能，检验压裂输入变量在储层物性变量影响产能关系中的调节效应，从而辨析在储层压裂过程中，入地总量、陶粒用量、混砂液量影响产能的作用机理。首先，将研究样本依据不同压裂施工条件划分多个子样本；其次，在不同压裂施工条件下，分别检验入地总量、陶粒用量、混砂液量在孔隙度与产能、基质渗透率与产能、含气饱和度与产能三组影响关系中的调节效应；最后，总结压裂输入变量调节效应的综合表现形式与影响特点。

通过研究得到以下主要结论。

第一，压裂输入变量调节效应存在于孔隙度与产能及基质渗透率与产能的两组关系中，其中，入地总量在孔隙度与产能及基质渗透率与产能两组关系中具有显著的调节作用，陶粒用量与混砂液量在孔隙度与产能的影响关系中具有显著调节作用。

具体而言，入地总量调高时，孔隙度对单位有效时间产气量的正面影响作用被强化；而基质渗透率与单位有效时间产气量之间的正面关系被弱化。混砂液量取低值时，孔隙度对单位有效时间产气量有负向影响；混砂液量取高值时，孔隙度对单位有效时间产气量有正向影响。陶粒用量取值增大时，孔隙度对单位有效时间产气量的影响由负向转为正向。

第二，不同压裂施工条件下，发挥调节作用的压裂输入变量不同；相同的压裂输入变量在不同施工条件下的调节作用也不同。

具体而言，综合压裂与单封压裂条件下压裂输入变量的调节作用主要考察入地总量的设计水平；双封酸化压裂条件下主要考察混砂液量的设计水平；三封压裂条件下主要考察入地总量、陶粒用量、混砂液量的设计水平；水力喷射压裂的调节作用主要考察陶粒用量的设计水平，而四封压裂施工条件下压裂输入变量的调节作用不明显。

生产管理启示：明确了不同施工条件下压裂输入变量在储层物性与产能影响关系中的作用机制问题；企业管理层面，在储层改造过程中，指导了不同施工条件下对关键施工变量的监测，有利于从变量分析视角监测施工质量，提高管理水平。

4 压裂输入变量影响产能的因果网络关系及其量化关系提取

本章在第 3 章的压裂输入变量影响产能作用机制分析前提下，基于压裂输入变量调节效应，深入挖掘变量间影响的因果网络关系，通过量化关系研究给出入地总量、陶粒用量与混砂液量不同取值组合设计的设计规则，呈现入地总量、陶粒用量与混砂液量影响产能的数量关系。通过科学问题"压裂输入变量影响产能的量化关系研究"，从"地质变量→压裂输入变量"关系链中，分析压裂输入变量取值设计的主要影响因素，并提取压裂输入变量设计的施工规则；从"压裂输入变量→产能"关系链中，分析压裂输入变量影响产能的数量关系。

4.1 引　　言

从压裂施工的效果评价角度来看，影响压裂施工的因素主要有气藏形成的地质条件，如岩性、天然裂缝等，还有储层物性条件，如孔隙度，基质渗透率等，以及压裂施工变量，施工排量、砂比等[73, 74]。聂玲等通过灰色关联法研究压裂后产能效率时指出，储层渗透率、砂量、排量和气层厚度是影响压裂后产能的主要因素；渗流率较高、气层厚度较大的压裂井，在其他条件一致的前提下，通过设计较大排量和砂量值，压裂施工能够获得较高的产能水平[75]。王瑞将影响致密油气藏产能的主要因素归为地质变量与工程变量两大类，地质变量包括孔隙度、基质渗透率、含油气饱和度、压裂井段厚度等，工程因素包括压裂液用量、压裂段数、层数等[76]。

刘宏杰等充分利用粗糙集（rough set）决策中属性约简不需要属性分布的任何先验信息的优点，结合贝叶斯方法利用地震数据对储层油气预测进行分析，将粗糙集属性约简的判别分析方法应用于油气储层预测中，取得了良好的效果，从而为油气预测提供了一条有效途径[77, 78]。石油地震勘探主要依据地震属性对油气储量进行预测，然而由于地震属性的增加，油气预测结果的不确定性也逐步加剧，如何对众多地震属性进行约简，降低油气预测结果的偏差、提高预测可靠性，已经成为当前研究的热点问题。刘涛平等将粗糙集理论与极化矩阵相结合，提出一种基于粗糙极化稀疏矩阵的地震属性融合约简方法，通过对实际数据资料的分析，取得了很好的预测效果，在众多地震属性中甄选出最合适目标层的地质属性，从而对提高预测精度、降低预测成本起到积极的支撑作用[79]。粗糙集理论在油气领域的应用还包括物探阶段，物探公司通过相关的勘探工作确定油气层的位置，估算含量与油气的开采难度。李珂应用粗糙集理论模型对油气开采物探阶段的风险进行评估研究，依据不同的风险因素来源对物探阶段的风险变量进行确立，建立信息决策表，并对风险变量进行属性约简，确立风险评价模型的关键风险变量，研究结论表明属性约简有效提高了风险模型的预测精准度[80]。在沉积微相模式识别研究中，针对模式识别中信息不精确、不一致及不完备等特征，冯贵阳构建基于粗糙集与改进的支持向量机储层沉积微相识别模式，研究表明基于粗糙集的沉积微相模式识别有效解决了储层沉积微相模式识别问题，通过粗糙集分析测井特征变量数据间的相互关系及属性约简，删除冗余及不重要的属性特征，是一种有效、可靠、有潜力的沉积微相识别方法[81]。粗糙集理论也被应用于长距离油气管道监测模型分析中，能有效识别泄露信号，提高监测的精度[82]。付超在研究致密气的资源预测中，通过粗糙集理论对储层变量进行属性约简（如保留了孔隙度、渗透率等地质表征变量），从而简化了致密砂岩气藏预测的复杂性[83]。李铁军等将粗糙集应用于储层含油气性识别研究中，通过属性离散化、属性约简及规则提取，对储层的类型进行了有效识别，研究结果表明该方法的应用对有效识别储层类型的正确率具有极大的意义[84]。钻井工程方面的风险评估中，翟成威按照设计风险、自然风险、工程施工风险和管理风险四大类将整个钻井工程项目的风险逐层分解，构建钻井项目风险评价变量体系。他结合粗糙集理论，运用模糊综合评价模型，确定各风险因素变量评价权重，监测石油钻井项目实施过程中存在的风险[85]。

致密气压裂施工过程依据地质设计、工程设计及施工设计三个设计，分别由不同的施工单位及研究中心出具。压裂施工单位参照地质设计、工程设计对施工设计进行调整。影响压裂变量取值水平的因素很多，从技术全流程角度来讲，主要包括储层物性特征、压裂设计的压裂策略变量（如层数、射孔厚度等）。但是，在具体的压裂变量设计中，往往更需要考虑决定产能的关键性因素，即对压裂变量取值水平起主要影响的储层物性变量及压裂设计变量进行识别，并有效掌握其中隐含的数量关系。因此，需要分析压裂变量设计水平的决策规则及影响的核心因素。

压裂变量水平的取值在调节地质变量对产能变量影响关系的同时，也决定了产能在一定生产阶段的产出量。从因果链的角度而言，地质变量影响压裂变量的水平值，压裂变量的取值设计影响最终的产出。就其本质而言，产能变量对压裂变量的取值有一定程度的响应过程。王涛等应用实验模拟方法对二氧化碳驱油采收率的地质变量的响应进行实验分析，提出将响应面分析应用于石油领域的方法建议[86]，但是，其分析过程是从实验的角度进行模拟的。本书的因果网络关系链分析从实证分析的角度，给出产能变量对压裂变量响应的量化关系，从而反映致密气生产过程中压裂变量设计与产能变量间的数据规律。该方法的推广与应用将更好地服务于致密气生产的现场管理。

综上所述，现有文献关于非常规油气领域产能量化关系的研究，都直接考察了不同影响变量对产能的直接影响，从产能预测视角研究影响因素的成果比较多。但是，大多数研究没有就变量之间的量化关系给出研究的具体结论。本书从致密气压裂施工的技术流程及变量影响的因果网络关系中，通过因果链实质，从实证的角度探索变量间的量化影响规律。关于压裂输入变量设计的影响因素分析将对压裂施工的地面生产服务发挥重要的决策参考作用，同时，产能对压裂输入变量的响应关系分析将为压裂输入变量的优化策略提供决策依据。

现有文献研究变量对产能影响的量化关系主要是通过模型预测、变量设计分析，考察变量取值水平对产能的影响。从整个开发施工流程来讲，不同施工阶段变量间的量化分析视角的研究很少，缺乏对变量间因果网络关系的辨识与分析。基于以上研究，本章在第 3 章的压裂输入变量作用机制分析基础上，研究变量影响因果网络的量化关系，探究"地质变量→压裂变量→产能"因果链条下的变量间量化影响，给出影响压裂输入变量取值组合设计的主要影响因素及压裂输入变量影响产能的数量关系式。

4.2 研 究 依 据

从压裂施工的技术流程来看，地质变量对压裂变量的影响是压裂施工决策的第一环节，同时，产能对压裂变量存在一定的响应关系，即压裂变量的取值水平在某种程度上影响产能的实际效果。这种数据间的影响关系表现为一种实质性的变量因果关系，本章在压裂变量调节效应检验的基础上，首先，从变量因果网络关系分析的视角，呈现压裂过程中变量之间影响的因果网络关系路径；其次，研究地质变量及压裂策略等变量如何影响压裂输入变量的设计取值［地质变量是决定压裂变量设计的重要因素，压裂策略（层数、射孔厚度等）也是压裂变量设计取值的重要依据］；最后，研究压裂输入变量取值如何影响产能，给出产能对压裂输入变量取值的响应关系式。

图 4-1 表明了本章的量化分析：①提取影响压裂输入变量设计的主要因素及压裂输入变量（入地总量、陶粒用量及混砂液量）设计的决策规则；②分析压裂输入变量（入地总量、陶粒用量及混砂液量）及压裂策略变量（含砂浓度、砂比）不同设计取值对产能影响的数量关系。

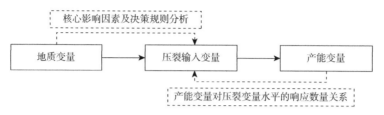

图 4-1　变量路径关系下数量关系分析示意图

4.3　致密气产能影响因素作用的因果网络及权重分析

4.3.1　基本假设

压裂作用受地质因素与施工因素综合影响。地质因素包括气藏地质与储层物性特征。依据国家能源局发布的气藏分类国家标准［《气藏分类》（SY/T 6168—2009）］，气藏地质条件主要从圈闭、储层、相态、组分、压裂等五方面对特定区块的气藏地质进行勘测评价，从而判断其渗透情况及压裂情况。样本来源于"低孔、低渗、低丰度"的气藏地区，资源分布受砂体和物性控制，属于典型的圈闭岩性气藏，又属于典型的低渗气藏、低孔气藏；按照储层空间类型来看，储集空间以空隙为主，渗透通道为喉道，属于典型的孔隙性气藏。按照压裂因素来看，样本属于异常低压气藏。据此，提出技术效应研究的假设1。

假设1：气藏地质对压裂策略与压裂的实际效果有直接的影响效应。

油气藏储层物理特征的差异对气藏的物理性流动、渗透及运移过程都会产生影响。工程实践中往往结合储层物性来判断储层的实际情况，从而判断储层气藏的流动性、渗流速度及聚集程度，主要通过三个重要变量反映气藏的储层物性特征，即孔隙度、基质渗透率与含气饱和度。孔隙度表示岩石中孔隙体积与岩石总体积的比值，它反映储层内可供流体通过的空间大小，同时也反映改造时注入压裂剂和支撑剂的难易程度。基质渗透率表示在一定压差下，岩石允许流体通过的能力，它反映了致密气流过的速度。含气饱和度表示储层内致密气体积占连通孔隙体积的百分数，它反映了致密气通过孔隙的难易程度。据此，提出技术效应研究的假设2。

假设2：储层物性对压裂输入与压裂的实际结果有直接的影响效应。

技术压裂策略的影响显而易见，通过储层改造，提高单井的累计产量，达到增产增效。酸化改造通过化学溶蚀作用，将地层内部致密气间的堵塞物溶解，扩大地层孔隙度，减少致密气流入气井的阻力，从而提高气井的产量。通过注入大量的化学物质，在井底地层形成局部高压，储层强行形成一条裂缝，以压裂液进行填充，改变储层的结构，使致密气可以通过改造后的高渗透储层。技术实施策略对气藏的产能影响较大。通过气井射开厚度对地层进行改造，注入化学物质，射开厚度较低，可能会导致对地层的改造效果不明显，致密气的出气速度较慢；射开厚度较高，对地层可能造成过度压裂改造，致密气在储层间的孔隙间进行流动，最终导致出气量减少，影响产气量。据此提出技术效应研究的假设3。

假设3：压裂策略对储层物性与压裂的实际效果有直接的影响效应。

从压裂输入变量来看，改造时注入储层的化学物质组合是改造方式取得预期效果的重要保障，最终影响气藏的实际产量。压裂改造施工中压裂液和支撑剂是最关键的化学物质，决定增产的实际效果。压裂液可分为前置液、携砂液、顶替液三部分，主要表现为前置液量、混砂液量、含砂浓度。支撑剂用于填补和支撑裂缝，主要表现为入地总量和陶粒用量。据此，提出技术效应研究的假设4。

假设4：压裂输入对储层物性与压裂的实际效果有直接的影响效应。

由于单井产量递减规律的作用，产能效率与产能效果之间的影响比较明显。根据开采目标的不同，致密气开采时会采取不同的方式，即保持压裂开采和衰竭式开采。开采方式会影响气井的出气速度和出气量，从而影响气井的产量和可开采年限。理论上来说，采用衰竭式开采，气井的前期产气量会很高，但后期套压变化出气速度会减缓，产气量较低，最终导致可开采年限较低。控制压裂的开采方式会影响气井的产量。均衡开采条件下（均衡开采是指开采过程中技术与储层结构、采气速度的均衡性），如果施工改造方式没有较好地对地层进行改造，将地下的致密气释放，会影响气井的产量；出气速度和采气速度如果不均衡，会导致不能及时地将致密气采集到集气站中，从而影响产气量。据此，提出技术效应研究的假设5。

假设5：产能效率对产能效果有直接的影响效应。

根据理论分析与研究假设，构建产能影响因素因果网络关系的分析评价模型，如图4-2所示。

图4-2表明了压裂变量在致密气开采中的产能影响的结构模型。模型包括四个外源潜变量（自变量），即气藏地质、储层物性、压裂输入、压裂策略，两个内源潜变量（因变量），即产能效率、产能效果。外源潜变量和内源潜变量之间共有14条路径，反映了致密气产能影响评价的完整路径。

从储层改造效果来讲，储层物性在实际技术施工中直接影响产能效果。不同的压裂技术条件选择，目的在于对具有生产能力的气藏储层进行人工干预，提高

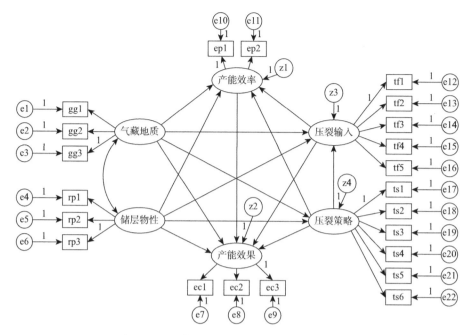

图 4-2　基于模型假设的产能影响评价初始模型

gg 表示气藏地质观测值；rp 表示储层物性观测值；ep 表示产能效率观测值；ec 表示产能效果观测值；
tf 表示压裂输入观测值；ts 表示压裂策略观测值；e 表示测量项残差；z 表示潜变量残差

储层的渗透率、导流性等有利于气藏生产的相关变量。结合上文的相关论述，进一步提出基于储层改造评价评价的研究假设。

假设 6：气藏地质对储层物性有直接的影响效应。

假设 7：气藏地质对压裂策略与压裂输入有直接的影响效应。

假设 8：储层物性对产能水平有直接的影响效应。

假设 9：储层物性对压裂策略与压裂输入有直接的影响效应。

假设 10：压裂输入与压裂策略对产能水平有直接的影响效应。

图 4-3 表明了压裂变量在储层改造效果中的结构效应模型，包括四个外源潜变量（自变量），即气藏地质、储层物性、压裂输入、压裂策略；一个内源潜变量（因变量），即产能水平，综合了预测模型中的产能效率与产能效果。外源潜变量和内源潜变量之间共有 9 条路径，反映了致密气生产过程中压裂变量对储层改造效果的实际路径。

4.3.2　产能影响因素作用的因果路径分析模型构建

致密气生产中产能效果的影响因素评价方法很多，如专家咨询法、层次分析

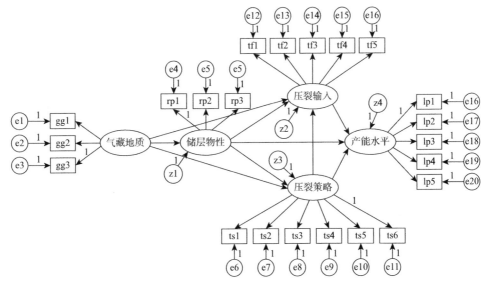

图 4-3 基于模型假设的储层改造效果评价初始模型

lp 表示产能水平观测值

法（analytic hierarchy process，AHP）等，大多数方法都基于生产经营的实际经验，本书基于致密气工业化生产的长期经验，提出以结构方程模型路径系数分析为核算依据，结合经验与客观数据，增强产能影响变量评价的科学性，增强工程管理的数据决策依据与基础。

结构方程模型产生于 20 世纪六七十年代，由瑞典统计学家 Karl G. Joreskog 与 Dag Sorbom 提出。该方法在处理包含多个因变量的逻辑因果关系中具有广泛的发展与应用。随着结构方程模型的推广，经济学、管理学、社会学及行为科学等领域出现了诸多应用该模型进行分析的研究成果[87~94]。结构方程模型在一般线性模型拓展的基础上融合了传统路径分析与因子分析的优势，基于变量协方差矩阵分析变量间相互关系的多变量统计分析技术[95]，是当前社会科学领域量化研究应用较为广泛的统计方法。一般结构方程模型由测量方程（measurement equation）与结构方程组成，前者表征潜在变量与观测变量之间的关系；后者表征内生变量与外生变量之间的关系。结构方程模型通过建立、估计与检验变量间的因果关系，分析单项变量对总体的作用，同时反映单项变量之间的相互关系。标准的结构方程模型包括测量方程与结构方程两个部分。

4.3.2.1 测量方程

测量方程通过验证性因子分析反映潜变量（latent variable，LV）与观测变量（measured variable，MV）之间的关系。标准的测量方程表达式为

$$x = \mathbf{\Lambda}_x \boldsymbol{\xi} + \boldsymbol{\delta} \qquad （4\text{-}1）$$

$$y = \mathbf{\Lambda}_y \boldsymbol{\eta} + \boldsymbol{\varepsilon} \qquad （4\text{-}2）$$

其中，x 为地质作用与技术作用的观察变量；$\boldsymbol{\xi}$ 为地质作用与技术作用，表征外生潜变量；$\mathbf{\Lambda}_x$ 为地质作用、技术作用与其观测值向量的关联矩阵或者因子负荷矩阵；$\boldsymbol{\delta}$ 为地质作用与技术作用的测量误差项向量；y 为产能水平的观测值向量；$\boldsymbol{\eta}$ 为产能水平向量；$\mathbf{\Lambda}_y$ 为产能水平与其观测值向量的关联矩阵或者因子负荷矩阵；$\boldsymbol{\varepsilon}$ 为产能水平的测量误差项向量。

（1）产能影响因素分析的结构方程外源潜变量测量方程构建。

外源潜变量测量方式中，气藏地质（GRG）包含 3 个观察变量，分别是有效厚度、泥质含量、全烃；储层物性（RPP）包含 3 个观察变量，分别是孔隙度、基质渗透率、含气饱和度；压裂变量（TIF）包含 5 个观察变量，分别是入地总量、陶粒用量、砂比、混砂液量、含砂浓度；压裂策略（TIS）包含 6 个观察变量，分别是射孔厚度、层数、压降、稳定油压、压裂方式选取比重、压裂方式选取概率。因此，根据外源潜变量测量方程的一般形式，构建技术预测性结构方程外源潜变量的测量方程形式，如式（4-3）所示。

$$
\begin{bmatrix} x_1 \\ x_2 \\ x_3 \\ x_4 \\ x_5 \\ x_6 \\ x_7 \\ x_8 \\ x_9 \\ x_{10} \\ x_{11} \\ x_{12} \\ x_{13} \\ x_{14} \\ x_{15} \\ x_{16} \\ x_{17} \end{bmatrix} =
\begin{bmatrix}
\Lambda_{x11} & & & \\
\Lambda_{x21} & & & \\
\Lambda_{x31} & & & \\
0 & \Lambda_{x42} & & \\
0 & \Lambda_{x52} & & \\
0 & \Lambda_{x62} & & \\
0 & 0 & \Lambda_{x73} & \\
0 & 0 & \Lambda_{x83} & \\
0 & 0 & \Lambda_{x93} & \\
0 & 0 & \Lambda_{x103} & \\
0 & 0 & \Lambda_{x113} & \\
0 & 0 & 0 & \Lambda_{x124} \\
0 & 0 & 0 & \Lambda_{x134} \\
0 & 0 & 0 & \Lambda_{x144} \\
0 & 0 & 0 & \Lambda_{x154} \\
0 & 0 & 0 & \Lambda_{x164} \\
0 & 0 & 0 & \Lambda_{x174}
\end{bmatrix}
\begin{bmatrix} GRG \\ RPP \\ TIF \\ TIS \end{bmatrix} +
\begin{bmatrix} \delta_1 \\ \delta_2 \\ \delta_3 \\ \delta_4 \\ \delta_5 \\ \delta_6 \\ \delta_7 \\ \delta_8 \\ \delta_9 \\ \delta_{10} \\ \delta_{11} \\ \delta_{12} \\ \delta_{13} \\ \delta_{14} \\ \delta_{15} \\ \delta_{16} \\ \delta_{17} \end{bmatrix} \qquad （4\text{-}3）
$$

储层改造效果评价的结构方程外源潜变量测量方程构建与技术预测性结构方程外源潜变量测量方程构建形式相同。

（2）产能影响因素分析的结构方程内源潜变量测量方程构建。

产能影响因素分析模型中，内源潜变量产能效率（EOP）包含 2 个观测变量，分别是单位压降产气量、单位时间产气量；产能效果（EOC）包含 3 个观察变量，分别是单井累计总产气量、日产气量、无阻流量。因此，根据内源潜变量测量方程的一般形式，构建技术预测性结构方程内源潜变量的测量方程，如式（4-4）所示。

$$
\begin{bmatrix} y_1 \\ y_2 \\ y_3 \\ y_4 \\ y_5 \end{bmatrix} = \begin{bmatrix} \Lambda_{y11} & \\ \Lambda_{y21} & \\ 0 & \Lambda_{y32} \\ 0 & \Lambda_{y42} \\ 0 & \Lambda_{y52} \end{bmatrix} \begin{bmatrix} EOP \\ EOC \end{bmatrix} + \begin{bmatrix} \varepsilon_1 \\ \varepsilon_2 \\ \varepsilon_3 \\ \varepsilon_4 \\ \varepsilon_5 \end{bmatrix} \tag{4-4}
$$

（3）储层改造效果评价的结构方程内源潜变量测量方程构建。

储层改造效果评价模型中，内源潜变量有 5 个观测变量，包括单位压降产气量、单位时间产气量、单井累计总产气量、日产气量、无阻流量。因此，根据内源潜变量测量方程的一般形式，构建储层改造效果评价的结构方程内源潜变量的测量方程，如式（4-5）所示。

$$
\begin{bmatrix} y_1 \\ y_2 \\ y_3 \\ y_4 \\ y_5 \end{bmatrix} = \begin{bmatrix} \Lambda_{y11} \\ \Lambda_{y21} \\ \Lambda_{y31} \\ \Lambda_{y41} \\ \Lambda_{y51} \end{bmatrix} \begin{bmatrix} LOP \end{bmatrix} + \begin{bmatrix} \varepsilon_1 \\ \varepsilon_2 \\ \varepsilon_3 \\ \varepsilon_4 \\ \varepsilon_5 \end{bmatrix} \tag{4-5}
$$

4.3.2.2　结构方程

结构方程反映潜变量之间的关系。标准的结构方程表达式为

$$
\boldsymbol{\eta} = \boldsymbol{B}\boldsymbol{\eta} + \boldsymbol{\Gamma}\boldsymbol{\xi} + \boldsymbol{\zeta} \tag{4-6}
$$

其中，$\boldsymbol{B}$ 表示内生潜变量 $\boldsymbol{\eta}$ 之间影响的系数矩阵，本书由产能水平表征的内生潜变量只有一个，故 $\boldsymbol{B} = 0$；$\boldsymbol{\Gamma}$ 表示外生潜变量地质作用与技术作用对内生潜变量产能水平影响的路径系数矩阵；$\boldsymbol{\zeta}$ 为结构方程估计的残差项。

根据研究假设和结构方程的基本形式，可以得到产能影响因素分析与储层改造效果评价的结构方程形式。

（1）产能影响因素分析的结构方程形式。

根据研究假设与结构方程的基本形式，产能影响因素分析的结构方程可表示为

$$\begin{bmatrix} EOP \\ EOC \end{bmatrix} = \begin{bmatrix} \beta_{11} & \beta_{12} \\ \beta_{21} & \beta_{22} \end{bmatrix} \begin{bmatrix} EOP \\ EOC \end{bmatrix} + \begin{bmatrix} \varGamma_{11} & \varGamma_{12} & \varGamma_{13} & \varGamma_{14} \\ \varGamma_{21} & \varGamma_{22} & \varGamma_{23} & \varGamma_{24} \end{bmatrix} \begin{bmatrix} GRG \\ RPP \\ TIF \\ TIS \end{bmatrix} + \begin{bmatrix} \zeta_1 \\ \zeta_2 \end{bmatrix} \qquad （4-7）$$

式（4-7）表明产能效率（EOP）与产能效果（EOC）预测的预测变量。其中，产能效率（EOP）包括单位压降产气量、单位时间产气量；产能效果（EOC）包括单井累计总产气量、日产气量、无阻流量。

（2）储层改造效果评价的结构方程形式。

根据研究假设与结构方程的基本形式，储层改造效果评价的结构方程可表示为

$$[LOP] = \begin{bmatrix} \varGamma_{11} & \varGamma_{12} & \varGamma_{13} & \varGamma_{14} \end{bmatrix} \begin{bmatrix} GRG \\ RPP \\ TIF \\ TIS \end{bmatrix} + [\zeta] \qquad （4-8）$$

式（4-8）表明，产能水平在储层改造的实际效果中，受地质因素与压裂输入的影响，产能水平（LOP）包含产能效率（EOP）与产能效果（EOC）变量。

4.3.2.3 数据处理说明

研究总样本为 1 171 个，产能影响因素分析模型分析的初始样本总量为 721 个，储层改造效果评价的结构方程初始模型分析样本总量为 450 个。通过缺失值分析与插补（同第 3 章中的数据处理过程），剔除异常值得到有效分析样本。产能影响因素模型的有效样本数为 699 个，储层改造效果评价模型的有效样本数据数为 400 个。

4.3.3 初始模型拟合与结果分析

4.3.3.1 模型变量估计结果

本书应用 R-3.3.2 对产能影响因素分析模型与储层改造效果评价模型进行综合分析与模型变量估计。表 4-1 表明了产能影响因素分析模型的变量间的因果网络关系。估计结果显示，存在多条不显著的因果网络路径关系，主要包括压裂输入←储层物性、压裂策略←储层物性、产能效率←压裂输入、产能效率←储层物性、产能效率←压裂策略、产能效率←气藏特征、产能效果←储层物性、产能效果←压裂策略、产能效果←气藏特征、产能效果←压裂输入、泥质含量←气藏特征、基质渗透率←储层物性、孔隙度←储层物性、砂比←压裂输入、压降←压裂策略，其他的因果网络关系路径系数都通过了显著性检验。变量估计过程中，假

设了 6 条显著的路径关系，其中包括全烃←气藏特征、含气饱和度←储层物性、单位压降产气量←产能效率、无阻流量←产能效果、入地总量←压裂输入、稳定油压←压裂策略。

表 4-1　产能影响因素分析初始模型的变量回归结果

变量路径关系	估计变量	标准误差	临界值	显著性水平 P
压裂输入←气藏特征	−0.454	0.169	−2.68	0.007
压裂输入←储层物性	−0.038	0.051	−0.748	0.455
压裂策略←气藏特征	−0.406	0.196	−2.068	0.039
压裂策略←储层物性	0.018	0.035	0.509	0.611
压裂策略←压裂输入	1.094	0.304	3.605	***
产能效率←压裂输入	−0.518	0.439	−1.179	0.238
产能效率←储层物性	0.014	0.027	0.516	0.606
产能效率←压裂策略	0.607	0.443	1.369	0.171
产能效率←气藏特征	−0.06	0.156	−0.386	0.700
产能效果←储层物性	−0.029	0.11	−0.266	0.790
产能效果←压裂策略	3.423	4.035	0.848	0.396
产能效果←产能效率	1.798	0.339	5.309	***
产能效果←气藏特征	1.44	1.398	1.03	0.303
产能效果←压裂输入	−2.427	4.751	−0.511	0.610
全烃←气藏特征	1	—	—	—
泥质含量←气藏特征	0.372	0.243	1.53	0.126
有效厚度←气藏特征	−1.305	0.566	−2.306	0.021
含气饱和度←储层物性	1	—	—	—
基质渗透率←储层物性	−0.019	0.107	−0.179	0.858
孔隙度←储层物性	0.371	0.525	0.706	0.480
单位压降产气量←产能效率	1	—	—	—
单位时间产气量←产能效率	3.131	0.706	4.434	***
无阻流量←产能效果	1	—	—	—
日产气量←产能效果	0.293	0.08	3.679	***
入地总量←压裂输入	1	—	—	—
陶粒用量←压裂输入	2.993	0.292	10.236	***
混砂液量←压裂输入	2.642	0.25	10.549	***
砂比←压裂输入	−0.338	0.179	−1.892	0.058
含砂浓度←压裂输入	1.238	0.335	3.694	***
稳定油压←压裂策略	1	—	—	—
射孔厚度←压裂策略	2.019	0.456	4.423	***
压降←压裂策略	0.144	0.2	0.72	0.472
层数←压裂策略	2.226	0.517	4.307	***
压裂方式选取比重←压裂策略	−1.232	0.382	−3.228	0.001
压裂方式选取概率←压裂策略	−3.332	0.791	−4.214	***

***表示在 1%显著性水平下显著

表 4-2 表明了储层改造效果评价模型变量间的关系结果。估计结果显示：变量间关系存在多条不显著的变量因果网络关系路径，包括压降←压裂策略、压裂

输入←气藏地质、储层物性←气藏地质、压裂策略←气藏地质、压裂输入←储层物性等 14 条。在变量估计过程中，假设存在 5 条显著的路径关系，即全烃←气藏地质、含气饱和度←储层物性、入地总量←压裂输入、射孔厚度←压裂策略、单位压降产气量←产能效果。

表 4-2 储层改造效果评价初始模型的变量回归结果

变量路径关系	估计变量	标准误差	临界值	显著性水平 P
压裂输入←气藏地质	0.015	0.036	0.516	0.615
储层物性←气藏地质	0.289	0.163	1.773	0.076
压裂策略←气藏地质	0.021	0.035	0.509	0.601
压裂策略←储层物性	−6.17	2.91	−2.121	0.034
压裂输入←储层物性	1.247	0.701	1.778	0.075
压裂输入←压裂策略	0.458	0.064	7.125	***
产能效果←压裂输入	−0.696	0.342	−2.033	0.042
产能效果←压裂策略	0.463	0.126	3.678	***
全烃←气藏地质	1	—	—	—
泥质含量←气藏地质	0.269	0.201	1.336	0.182
有效厚度←气藏地质	−1.09	0.391	−2.786	0.005
含气饱和度←储层物性	1	—	—	—
基质渗透率←储层物性	−5.207	2.541	−2.049	0.04
孔隙度←储层物性	0.582	0.799	0.728	0.467
入地总量←压裂输入	1	—	—	—
陶粒用量←压裂输入	2.978	0.299	9.972	***
砂比←压裂输入	−0.322	0.181	−1.781	0.075
混砂液量←压裂输入	2.757	0.265	10.39	***
含砂浓度←压裂输入	1.054	0.336	3.133	0.002
单位压降产气量←产能效果	1	—	—	—
单位时间产气量←产能效果	2.05	0.279	7.347	***
日产气量←产能效果	0.711	0.242	2.937	0.003
无阻流量←产能效果	2.448	0.391	6.263	***
射孔厚度←压裂策略	1	—	—	—
层数←压裂策略	1.087	0.071	15.351	***
稳定油压←压裂策略	0.504	0.11	4.58	***
压降←压裂策略	0.082	0.1	0.818	0.413
压裂方式选取比重←压裂策略	−0.594	0.129	−4.604	***
压裂方式选取概率←压裂策略	−1.62	0.139	−11.629	***

***表示在1%显著性水平下显著

4.3.3.2 模型识别

测量方程的识别通常依据 T 法则进行模型判断与识别，T 法则作为模型判断的必要条件，要求以满足 $t \leqslant \frac{1}{2}(p+q)(p+q+1)$ 为必要条件，但不能保证满足该条件的模型都是可识别的，其中，t 为自由变量的个数，p 为外因测量变量的个数，q 为内因测量变量的个数。据此，对产能影响因素分析模型与储层改造效果评价模型的自有变量进行统计，可以判断测量方程的识别性。

产能影响因素分析模型中，待估计的变量包括协方差 1 个，方差 24 个，系数 14 个，外因测量变量个数为 17 个，内因测量变量个数为 5 个。计算满足 T 法则。储层改造效果评价模型中，待估计变量包括方差 22 个，估计系数 9 个，外因测量变量 17 个，内因测量变量 5 个，计算结果表明，本书构建的产能影响因素分析模型与储层改造效果评价模型是可识别模型。

4.3.3.3 结构模型验证

本书应用结构方程的整体拟合度与内在结构拟合度对结构方程初始模型的效果进行评价，整体模型与数据的适配程度反映了模型构建的合理性。同时，模型内在拟合度的评价主要通过临界值与显著性水平来评估模型估计变量的显著性程度，从而进一步评价潜在变量与测量变量的重要性程度。

表 4-3 表明了产能影响因素分析模型与储层改造效果评价模型初始模型拟合的最终效果。从绝对适配统计量变量来看，两种模型的卡方与自由度比值均达到可接受的范围；近似误差均方根也达到合理的取值范围，调整拟合优度指数也接近理想的取值范围。其他相对拟合优度变量均表明，模型拟合的效果均达到合理的取值范围。

表 4-3　初始模型拟合结果评价

模型评价变量	χ^2/df	近似误差均方根（RMSEA）	调整拟合优度指数（AGFI）	比较拟合指数（CFI）	增量拟合指数（IFI）	规范拟合指数（NFI）
产能影响模型	4.769	0.069	0.889	0.817	0.820	0.886
改造效果模型	4.452	0.057	0.801	0.851	0.853	0.821

4.3.4　模型修正与结果分析

4.3.4.1　产能影响因素分析模型修正

AMOS 软件给出了产能影响因素分析模型的修正建议，表 4-4 显示：M.I.（修正指数）值表示变量估计过程中如果增加陶粒用量与含砂浓度两个变量之间的相关路径，卡方值会减少 185.997；压裂方式选取比重与压裂方式选取概率之间相关路径的建立将使得卡方值减少 71.835，入地总量与压裂方式选取概率间相关路径的建立会使得卡方值减少 35.824；在具体的修正过程中，根据模型的路径建立的具体建议，每次增加一条卡方值减少绝对值较大的路径。同时考察模型效果，再进一步增加第二条建议路径。表 4-5 的路径表明了产能影响因素分析模型在经过多次路径修改后的综合路径修改结果。

表 4-4 产能影响因素分析模型中方差修正建议

变量间关系	M.I.	期望参数改变量
e13 <--> e16	185.997	0.011
e12 <--> e14	71.835	0.025
e12 <--> e22	70.918	0.021
e21 <--> e22	35.824	0.004

表 4-5 产能影响因素分析修正模型的变量回归结果

变量路径关系	估计变量	标准误差	临界值	显著性水平 P
压裂输入←气藏特征	−0.809	0.263	−3.077	0.002
压裂策略←气藏特征	−1.385	0.555	−2.495	0.013
压裂策略←储层物性	0.319	0.109	2.937	0.003
产能效率←压裂输入	−0.694	0.290	−2.396	0.017
产能效率←储层物性	0.798	0.341	2.343	0.019
产能效率←压裂策略	0.703	0.257	2.731	0.006
产能效果←产能效率	1.688	0.238	7.079	***
产能效果←气藏特征	0.353	0.178	1.984	0.047
产能效果←压裂输入	1.358	0.213	6.382	***
全烃←气藏特征	1	—	—	—
泥质含量←气藏特征	0.208	0.180	2.015	0.044
有效厚度←气藏特征	−0.988	0.307	−3.216	0.001
含气饱和度←储层物性	1	—	—	—
基质渗透率←储层物性	−3.348	1.277	−2.621	0.009
孔隙度←储层物性	0.563	0.279	2.020	0.043
单位压降产气量←产能效率	1	—	—	—
单位时间产气量←产能效率	2.877	0.519	5.538	***
无阻流量←产能效果	1	—	—	—
日产气量←产能效果	0.307	0.081	3.806	***
入地总量←压裂输入	1	—	—	—
陶粒用量←压裂输入	2.581	0.226	11.443	***
混砂液量←压裂输入	2.418	0.208	11.645	***
砂比←压裂输入	−0.355	0.156	−2.278	0.023
含砂浓度←压裂输入	0.574	0.28	2.046	0.041
稳定油压←压裂策略	1	—	—	—
射孔厚度←压裂策略	2.114	0.494	4.28	***
层数←压裂策略	2.314	0.554	4.173	***
压裂方式选取比重←压裂策略	−1.299	0.406	−3.197	0.001
压裂方式选取概率←压裂策略	−3.459	0.849	−4.075	***

***表示在1%显著性水平下显著

同时，在模型修改过程中，删除了几条预测路径不显著的变量间关系，包括产能效率←气藏地质、压裂输入←储层物性、产能效果←储层物性、压裂输入←压裂策略。路径修改后模型各个变量间关系的显著性水平普遍提高。表 4-5 表明：产能影响因素分析模型经过系统修正后各变量间系数的回归结果良好，与初始模型的回归结果进行对比，其估计效果整体进一步提高。修正结果表明模型估计的标准化估计都在 0.50~0.95，同时，多数临界值大于 1.96，P 值小于 0.05，表明模型符合基本的拟合假设。

图 4-4 表明了产能影响因素分析模型经过修正后的变量间显著的因果网络路径关系。从整体的影响关系来看，储层物性影响了压裂策略变量进而影响产能效率；气藏地质直接影响压裂输入，进而影响产能效率与产能效果，或者通过间接影响压裂策略，进而影响产能效率。气藏地质对产能影响的路径关系表明，地质状况对产能有直接的影响关系，同时，通过影响压裂策略，进而影响产能效率。气藏地质变量对压裂策略的选择影响较为直接，这种变量间因果网络关系路径的呈现为分析压裂输入变量的产能影响效应提供了必要的依据，使得从致密气开采的技术全流程角度描述"地质变量→压裂变量→产能"之间的变量因果网络关系具有数据分析的基础支撑。

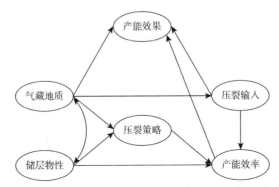

图 4-4　产能影响因素分析模型经过修正后的路径关系

4.3.4.2　储层改造效果评价模型修正

表 4-6 表明了应用 AMOS 软件分析后给出的储层改造效果评价模型中方差修正建议汇总情况，分步骤对初始模型结果进行路径修正。第一步，在压裂方式选取比重与压裂方式选取概率间增加变量相关路径，卡方值将减少 53.197；第二步，根据第一步模型估计的建议，再次在陶粒用量与含砂浓度之间增加变量相关路径，卡方值减少 187.862；第三步，继续操作修正建议，增加单位压降产气量与压裂方式选取比重及孔隙度与基质渗透率两条变量间的相关路径，分别使卡方值减少 49.166 与 27.323。

表 4-6 储层改造效果评价模型中方差修正建议

变量间关系	M.I.	期望参数改变量
e13 <--> e16	53.197	0.025
e13 <--> e19	187.862	0.012
e16 <--> e5	49.166	−0.008
e10 <--> e11	27.323	0.007

在模型修改过程中，删除了几条预测路径不显著的变量间关系。其中包括压裂输入←气藏地质、压裂策略←气藏地质、产能效果←储层物性。路径修改后模型各个变量间关系的显著性水平普遍提高。

表 4-7 表明了储层改造效果评价模型修正后各变量间系数的回归结果，与初始模型的回归结果进行对比，其估计效果整体进一步提高。修正结果表明，模型估计的标准化估计在 0.50~0.95，同时，临界值绝对值都大于 1.96，P 值小于 0.05，表明了模型符合基本的拟合评价。

表 4-7 储层改造效果评价修正模型的变量回归结果

变量路径关系	估计变量	标准误差	临界值	显著性水平 P
储层物性←气藏地质	0.388	0.137	2.103	0.035
压裂策略←储层物性	−5.771	2.579	−2.238	0.025
压裂输入←储层物性	1.109	0.561	1.978	0.048
压裂输入←压裂策略	0.447	0.054	8.275	***
产能效果←压裂输入	−0.608	0.272	−2.240	0.025
产能效果←压裂策略	0.413	0.105	3.935	***
全烃←气藏地质	1	—	—	—
泥质含量←气藏地质	0.279	0.146	2.128	0.033
有效厚度←气藏地质	−0.972	0.282	−3.453	***
含气饱和度←储层物性	1	—	—	—
基质渗透率←储层物性	−4.917	2.290	−2.147	0.032
孔隙度←储层物性	1.411	0.221	6.373	***
入地总量←压裂输入	1	—	—	—
陶粒用量←压裂输入	2.855	0.280	10.186	***
混砂液量←压裂输入	2.771	0.258	10.755	***
含砂浓度←压裂输入	0.684	0.321	2.133	0.033
单位压降产气量←产能效果	1	—	—	—
单位时间产气量←产能效果	2.266	0.327	6.929	***
日产气量←产能效果	0.789	0.261	3.020	0.003
无阻流量←产能效果	2.754	0.439	6.267	***
射孔厚度←压裂策略	1	—	—	—
层数←压裂策略	1.086	0.071	15.307	***
稳定油压←压裂策略	0.481	0.110	4.368	***
压裂方式选取比重←压裂策略	−0.587	0.128	−4.598	***
压裂方式选取概率←压裂策略	−1.615	0.139	−11.584	***

***表示在 1%显著性水平下显著

图 4-5 表明了储层改造效果评价模型的修正结果，修正结果显示，压裂输入变量与压裂策略变量对致密气产能水平有显著的影响关系。第一，压裂输入变量受到储层物性变量，即孔隙度、基质渗透率、含气饱和度的影响；第二，压裂输入变量影响致密气的产能水平；第三，压裂策略变量对压裂输入变量同样产生影响作用。

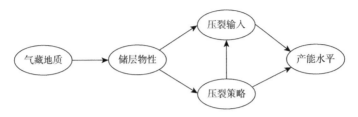

图 4-5　储层改造效果评价模型经过修正后的路径关系

4.3.4.3　模型分析综合评价

表 4-8 表明修正后模型路径系数均达到显著性水平。从绝对适配变量来看，卡方与自由度比值分别为 3.102 与 2.801，分别达到模型估计的合理取值范围。近似误差均方根（RMSEA）变量显示产能影响因素分析模型的变量值为 0.051，储层改造效果评价模型的变量值为 0.047，均达到模型估计合理取值的范围。调整拟合优度（AGFI）变量显示，产能影响因素分析模型与储层改造效果评价模型的相关变量均大于 0.9，达到估计的理想取值范围。从模型增值适配度与简约适配度的相关变量来看，模型均达到结构方程模型估计的合理取值范围。综上所述，修正模型的整体拟合效果良好，说明假说模型得到支持。

表 4-8　不同适配度变量与修正模型评价结果

统计检验量		实际拟合值		标准	结果	
		产能影响模型	改造效果模型		产能影响模型	改造效果模型
绝对适配度	χ^2/df	3.102	2.801	<5（可接受）；<3（良好）	接受	良好
	GFI	0.902	0.917	>0.90	良好	良好
	AGFI	0.914	0.933	>0.90	良好	良好
	RMR	0.058	0.043	<0.05	良好	良好
	RMSEA	0.051	0.047	<0.05（良好）；<0.08（合理）	良好	良好
	NCP	0.021	0.010	<0.05	良好	良好
增值适配度	NFI	0.916	0.905	>0.90；>0.80（可接受）	良好	良好
	IFI	0.899	0.918	>0.90；>0.80（可接受）	接近	良好
	CFI	0.902	0.923	>0.90；>0.80（可接受）	良好	良好

统计检验量		实际拟合值		标准	结果	
		产能影响模型	改造效果模型		产能影响模型	改造效果模型
简约适配度	PGFI	0.583	0.591	>0.50	良好	良好
	PNFI	0.566	0.574	>0.50	良好	良好

4.3.5 变量间因果网络关系路径分析与权重计算

4.3.5.1 变量间因果网络关系路径分析

产能影响因素分析模型经过分析修正后的变量间因果网络关系路径中，对于假设1（气藏地质对压裂策略与压裂的实际效果有直接的影响效应），有三条路径显著通过检验，包括压裂策略←气藏地质、气藏地质←压裂输入、产能效果←气藏地质，即气藏地质对压裂策略、压裂输入与产能效果有直接显著的影响效应。对于假设2（储层物性对压裂输入与压裂的实际结果有直接的影响效应），有两条路径显著通过检验，包括压裂策略←储层物性、产能效率←储层物性，即储层物性对压裂策略与产能效率有直接的影响效应。对于假设3（压裂策略对储层物性与压裂的实际效果有直接的影响效应），有一条路径通过显著性检验，即产能效率←压裂策略，说明压裂策略对产能效率有直接的影响效应。对于假设4（压裂输入对储层物性与压裂的实际效果有直接的影响效应），有两条路径通过显著性检验，包括产能效率←压裂输入、产能效果←压裂输入，即压裂输入对产能效果与产能效率有直接的影响效应。对于假设5（产能效率对产能效果有直接的影响效应），该路径通过显著性检验，假设成立。

产能影响因素分析模型的研究说明，技术系统内对产能（包括产能效率与产能效果）预测将通过地质变量与压裂变量进行。技术预测性结构方程中，产能效果预测的直接变量包括三类观测因素，即气藏地质、压裂输入及产能效率是产能效果的直接影响变量。产能效率预测的直接变量同样包括三类观测因素，即储层物性、压裂策略及压裂输入。

储层改造效果评价模型经过修正后的路径中，对于假设6（气藏地质对储层物性有直接的影响效应），路径储层物性←气藏地质通过显著性检验，说明气藏地质对储层物性有直接的影响效应。假设7的假设内容没有通过显著性检验，在储层改造效果的技术效应过程中，气藏地质对压裂策略与压裂输入因素之间的影响路径不显著。对于假设8（储层物性对产能水平有直接的影响效应），储层物性对产能水平的直接效应没有通过显著性检验，储层物性对产能水平没有直接的影响效应。假设9所表述的两条影响路径均通过了显著性检验，在技术对储层改造效果的技术效应中，存在压裂策略←储层物性与压裂输入←储层物性两条显著路径。

考察假设 10 的内容,产能水平←压裂输入与产能水平←压裂策略路径关系表明压裂策略与压裂输入因素对致密气产能水平有直接的影响效应。

储层改造效果评价模型的研究目标说明,技术对储层的影响是很明显的。气藏形成的地质条件,决定了储层的物理特性,通过技术施以人工改造,从而提高储层有利于气藏生产的地质变量。储层改造的技术过程通过两类因素产生作用,即压裂策略因素与压裂输入因素两类变量。

4.3.5.2　变量权重分析

路径影响分析中,变量权重的确定对产能预测至关重要。结构方程模型各测量变量与潜在变量的负荷大小,为不同变量权重的分配提供了直观的测算依据,经过归一化处理,可以计算每个因子及变量的权重值。式(4-9)为计算各变量因子对变量的权重方法。

$$G_i = \frac{W_i}{\sum_{i=1}^{n} W_i} \qquad (4-9)$$

其中,G_i 为第 i 个变量的综合权重;W_i 为第 i 个变量的因子负荷系数;i 为相应变量观测变量的总个数。同时,定义变量间的间接影响路径系数为各个间接路径系数的乘积,即

$$p_i = \sum_{j}^{m} p_{ij} \qquad (4-10)$$

式(4-10)为计算潜变量路径影响权重的计算方法。其中,p_i 为第 i 个外源潜变量对内源潜变量作用的路径系数;p_{ij} 为第 i 个外源潜变量通过第 j 个路径节点对内源潜变量产生影响效应。产能影响因素分析模型中变量的综合路径系数为直接路径系数与间接路径系数的加总,即 $P_i = G_i + p_i$(P_i 为变量影响的综合路径系数)。

1)产能影响因素分析模型的变量权重分析

(1)产能效果影响因素的变量权重。

气藏地质对产能效果影响效应作用有三条路径,直接路径系数为 0.15。两条间接路径,气藏地质通过对压裂输入的影响进而影响产能效果,路径系数分别为 0.80、0.56;气藏地质通过影响压裂策略,进而影响产能效率,最终影响产能效果,路径系数分别为 0.98、0.89、0.58。气藏地质对产能效果影响的综合路径系数值(P_{GRG})为

$$P_1 = P_{GRG} = 0.55 + 0.80 \times 0.56 + 0.98 \times 0.89 \times 0.58 = 1.53$$

储层物性对产能效果的影响路径有两条:储层物性影响产能效率,进而影响产能效果;储层物性影响压裂策略进而影响产能效率,从而影响产能效果。储层

物性对产能效果的综合影响路径系数（P_{RPP}）为

$$P_2 = P_{RPP} = (0.50 + 0.67 \times 0.89) \times 0.58 = 0.64$$

压裂输入通过两条路径作用于产能效果，直接路径系数 0.56，同时压裂输入通过影响产能效率进而对产能效果发挥影响效应。因此，压裂输入对产能效果影响的综合路径系数（P_{TIF}）为

$$P_3 = P_{TIF} = 0.56 + 0.72 \times 0.58 = 0.98$$

压裂策略对产能效果的影响路径为间接路径，压裂策略通过影响产能效率进而影响产能效果。因此，压裂策略对产能效果影响的综合路径系数（P_{TIS}）为

$$P_4 = P_{TIS} = 0.89 \times 0.58 = 0.52$$

同时，产能效率对产能效果有直接的影响路径，系数为 0.58，即

$$P_5 = P_{EOP} = 0.58$$

（2）产能效率影响因素的变量权重。

气藏地质通过两条路径对产能效率产生影响效应：一条路径为气藏地质通过影响压裂输入进而影响产能效率，路径系数分别为 0.80、0.72；另一条路径为气藏地质通过影响压裂策略进而影响产能效率，路径系数分别为 0.98、0.89。因此，气藏地质对产能效率的综合影响路径系数（P'_{GRG}）为

$$P_6 = P'_{GRG} = 0.98 \times 0.89 + 0.80 \times 0.72 = 1.45$$

储层物性通过两条路径对产能效率产生影响效应：直接路径系数为 0.50；储层物性通过影响压裂策略进而影响产能效率。因此，储层物性对产能效率的综合影响路径系数（P'_{RPP}）为

$$P_7 = P'_{RPP} = 0.50 + 0.67 \times 0.89 = 1.10$$

压裂输入与压裂策略都对产能效率有直接的影响路径，因此，系数为

$$P_8 = P'_{TIF} = 0.72 ; \quad P_9 = P'_{TIS} = 0.89$$

综上分析，产能影响因素分析模型中对产能效果预测的变量为气藏地质、储层物性、压裂输入、压裂策略与产能效率，其变量权重为：$W = (1.53, 0.64, 0.98, 0.52, 0.58)$。预测模型中对产能效率预测的变量为气藏地质、储层物性、压裂输入与压裂策略，其变量权重为：$W = (1.45, 1.10, 0.72, 0.89)$。

计算各观测变量的权重分别为

$$w_{GRG} = (0.29, 0.25, 0.46)$$
$$w_{RPP} = (0.13, 0.44, 0.43)$$
$$w_{TIF} = (0.23, 0.32, 0.36, 0.05, 0.05)$$
$$w_{TIS} = (0.33, 0.26, 0.46, 0.09, 0.22)$$
$$w_{EOP} = (0.21, 0.79)$$

通过压裂变量对致密气产能进行预测具有重要的实践价值。地质因素是科学

预测实施的前提，占有较大的分析比重。同时压裂变量在产能的预测中具有重要的权重。

2）储层改造效果评价模型的变量权重分析

从储层改造效果评价模型的修正结果来看（图 4-5），气藏地质在一定程度上决定储层的物理特性，决定了气藏生产的难易程度与压裂方式的选择，在人工干预的作用下，通过一定的技术作用改变储层的天然物理特性，提高储层的渗透率与导流性。

图 4-5 表明了技术压裂改造对产能水平影响的路径，气藏地质决定了储层物性特征，储层物性在压裂改造的情形下，对压裂输入、压裂策略的选择产生反作用，进而对产能水平产生影响。其实践效果有两条路径显示：气藏地质在决定储层物性的情况下，分别通过影响压裂输入及压裂策略对产能水平发挥影响效应。因此，储层物性的两条路径系数及其综合影响效应系数值分别为

$$P_{10} = P''_{\text{TIF}} = 0.52 \times 0.66 = 0.34 \; ; \quad P_{11} = P''_{\text{TIS}} = 0.76 \times 0.98 = 0.74$$

在储层压裂改造的效果评估中，压裂输入变量与压裂策略变量所占的比重为 $W = (0.39, 0.61)$。因此，在储层技术应用对储层压裂改造的实际效果中，压裂策略的选择至关重要。这也是我国非常规油气开采将技术攻关作为首要任务的原因。技术的发展在未来很长一段时间内将是非常规油气产业发展的重点与难点。

4.4　压裂输入变量设计的主要因素与规则提取

本节研究"地质变量→压裂变量→产能"因果网络关系链的前半段，即"地质变量→压裂变量"的量化关系分析，给出影响压裂变量设计的主要因素，并提取压裂输入变量设计规则。具体分析时，考虑到压裂策略变量对压裂输入变量设计的影响，将射孔厚度、层数、稳定油压、压降等压裂策略变量作为一部分影响因素纳入压裂输入变量设计的影响因素分析中。

4.4.1　压裂输入变量主要影响因素分析的方法选择

致密气开采储层压裂变量设计考虑的因素包括孔隙度、基质渗透率、有效厚度等地质因素，同时考虑完井过程中的相关施工变量，如层数、射孔厚度等因素。但是，在众多的影响因素中，哪些因素才是决定压裂变量设计的主要因素，这是实际项目施工中最核心的问题。

所有压裂变量设计的影响因素中，地质变量具有极强的复杂性及不确定性，在

实际施工中，地质影响规律的不明确性使得压裂技术应用存在风险性，从而无法获得预期的经济产出，甚至出现"干井"（一般来讲，任何产出不具有商业价值的油或气的井都可以被称为"干井"）的情况。因此，仅凭"施工经验"进行关键的变量设计压裂变量水平存在分析技术上的风险，可能将有用的因素信息剔除掉。压裂变量中的压裂策略类变量，如射孔厚度、层数等变量对压裂输入变量的设计水平同样产生一定的影响[96]，如在储层特性不变的情况下，射孔直径的增加，射孔排数的变化都会影响起裂压力，从而影响压裂效果[97, 98]。因此，在众多的影响因素中，需要分析哪些因素是影响压裂变量设计的主要因素，同时又不丢失对压裂变量设计具有一定价值的因素信息。基于以上数据特征与分析侧重点，本节选取粗糙集分析技术。

　　粗糙集分析的理论特点是：不需要先验知识，仅仅利用数据信息，对知识无先验信息依赖假设；在保留关键信息的前提下对数据进行属性化简，求得最小的知识表达，进而评价数据之间的依赖关系，最终在经验数据中获取有利于实践的数据规则。粗糙集分析的基础为不可分辨关系，重点在分类，由于缺乏足够的论域知识，粗糙集以一对清晰集合逼近。决策分析是粗糙集应用的重要方面。粗糙集的决策规则在以往经验数据分析的基础上得出数据之间的因果关系，而决策对象中一些不明确、不完整的属性不影响其最终决策规则的形成，粗糙集是对常规决策分析的有效补充。粗糙集理论在油气产业发展中已经获得较为成熟的应用案例[99~101]，为处理不确定信息提供了有效的分析手段；特别是知识发现（规则提取、数据挖掘）受到人工智能领域研究的广泛重视。本书研究内容依据粗糙集理论的数据分析技术，从因果关系角度切入，研究压裂变量设计的关键影响因素，并从工程实践的角度归纳压裂决策规则。

　　首先，本书应用了粗糙集分析中的知识表达系统模型实现不同影响因素与压裂变量设计结果之间的关系表达系统。知识表达系统模型是实现粗糙集分析的重要手段，通过精确的上、下近似集，从而逼近不精确对象，通过表达、约简、分析，实现对不精确对象知识挖掘的目的。信息表（信息系统）是粗糙集理论中的知识表达形式，由 4 元有序组构成，即 $K = (U, A, V, d)$ ，其中， U 为论域（所有对象的集合）， A 为属性集合， V 为属性的值域， d 为信息函数，具体的含义及表述可见文献[102, 103]。粗糙集的知识约简与求核的方法也为分析属性特征提供了理论与方法依据。假设有信息系统 $K = (U, \text{AT}, V, d)$ ，若属性集合 $B \subseteq \text{AT}$ 的等价关系为 R_B ， $\forall a \in \text{AT}$ ，若 $R_{\text{AT}} = R_{\text{AT} \setminus \{a\}}$ ，则 a 称为多余属性；若没有多余属性，AT 为独立属性集；称 $B \subseteq \text{AT}$ 为 AT 的约简集，若 $R_B = R_{\text{AT}}$ 且 B 不含多余属性；所有约简集合的交集为等价关系族的核。

　　其次，本书应用粗糙集中的属性约简与核的分析实现对影响压裂变量设计的主要因素的提取。约简的复杂性为决策表的大小的影响，随着决策表增大，约简的复杂性呈现指数增长态势。但是在实际应用中，并不是所有约简属性都有必要，找出最优约简是最终的目标。根据给定的信息系统 $K=(U,\mathrm{AT},V,d)$，有如下定义。

第一，$\mathrm{AT}=C\cup D$ 与 $a\in C$，其中，条件属性集为 C，决策属性集为 D；如果 $\mathrm{ind}(C-\{a\})=\mathrm{ind}(C)$，那么 a 是 C 的冗余属性，反之则反是。对信息系统进行约简的目的就是发现冗余属性并剔除。

第二，$\mathrm{AT}=C\cup D$，C 中所有必要属性为 C 的核。

第三，$\mathrm{AT}=C\cup D$，如果 $\mathrm{ind}(A)=\mathrm{ind}(C)$，$\forall B\subset A$，$\mathrm{ind}(B)=\mathrm{ind}(A)$ 成立，则 C 的约简集合为 A，约简集合的交集为核集。属性约简为简化决策规则的生成创造了简化环境，从而在给定的信息系统 $K=(U,\mathrm{AT},V,d)$ 的条件下定义决策规则。

第四，$\mathrm{AT}=C\cup D$，X_i（Y_j）为 $U/\mathrm{ind}(C)$ $[$ $U/\mathrm{ind}(D)$ $]$ 中的等价类；$\mathrm{des}(X_i)$ $[\mathrm{des}(Y_j)]$ 为等价类 X_i 的描述，表示等价类 X_i（Y_j）在不同条件属性取值下的特定取值。于是获取的规则定义为

$$R_{ij}:\mathrm{des}(X_i)\rightarrow\mathrm{des}(Y_j),X_i\cap Y_j=\Phi$$

最后，本书通过三个筛选条件筛选压裂设计的决策规则。

第一，可信。决策规则对于大多数训练样本适用，因此，对于适应极少数的决策规则不可取。可信度表达为

$$\mathrm{Cer}_x(C,D)=\frac{|C(X)\cap D(X)|}{|C(X)|} \tag{4-11}$$

其中，$|C(X)\cap D(X)|$ 为决策规则 $[$ $C(X)\rightarrow D(X)$ $]$ 成立的样本总数；$|C(X)|$ 为决策规则前件 $C(X)$ 的样本数。可信度描述了决策规则后件有影响的可能性。

第二，支持度。表示决策规则应当完全覆盖所有样本，每个样本有与之相匹配的规则。表达式为

$$\mathrm{Sup}_x(C,D)=\frac{|C(X)\cap D(X)|}{|U|} \tag{4-12}$$

其中，$|U|$ 为论域的样本总数。决策规则支持度描述了规则的代表性，支持度越高，覆盖多数样本的规则适用性越广，结论越可靠。

第三，覆盖率。表示代表训练样本所有样本的尽量少的规则数。覆盖率表达式为

$$\mathrm{Cov}_x(C,D)=\frac{|C(X)\cap D(X)|}{|D(X)|} \tag{4-13}$$

其中，$|D(X)|$ 为满足规则后件 $D(X)$ 的样本总数。覆盖率表达了决策规则前件对后件影响的可能性。通过以上决策规则的质量变量考察规则获取的有效性。

4.4.2 压裂输入变量设计的决策模型建立

1）决策模型构建

致密气开采的压裂技术环境包括三个设计，即地质设计、工程设计（来自甲方）及施工设计（来自乙方）。在压裂施工时，乙方参照地质设计与工程设计对施工设计进行调整；反映到技术施工的变量角度来讲，孔隙度、含气饱和度、全烃等地质变量如何影响入地总量、陶粒用量、混砂液量等压裂变量的选取水平。本书给出影响压裂变量水平的关键地质变量，并从量化分析角度给出影响的具体结果，从而指导实际生产情况。压裂变量根据施工的实际水平变动及数据本身的变化特征划分为高、中、低三个水平，按照不同的组合情况产生27种压裂变量的施工水平组合。关于压裂变量水平选取的决策模型建立步骤如下：第一步，建立相关数据集；第二步，对连续属性进行离散化；第三步，对影响压裂变量平水的因素进行属性约简；第四步，决策规则生成，生成具有一定决策能力的不精确决策规则，利用可信度与覆盖率定义形成相对较高的决策规则；第五步，模型检验与评价。

2）样本数据的选取与处理说明

压裂输入变量水平量化影响在致密气开采的整个技术链条中存在多种因素。压裂施工主要根据工程设计、地质设计进行调整，参考泥质含量、孔隙度、含气饱和度等地质变量的水平。根据4.2节，压裂施工决策过程中压裂输入变量主要考虑有效厚度、层数、射孔厚度、泥质含量、孔隙度、基质渗透率、含气饱和度及全烃等8个地质变量，以8个地质变量构成条件属性，即构成压裂变量水平选取的8个影响因素。在对这些影响因素进行离散化处理过程中，根据每个影响因素的最小值与最大值，等宽离散化对数据进行划分，形成5个区间，依次标记为1~5的5个决策结果。

根据工程实践的变量水平特征，将入地总量、陶粒用量、混砂液量采用等宽离散化，分为距离相等的3个区间（这部分的处理结果与4.4节的响应分析处理结果方法一致），从而将不同压裂变量划分为高、中、低3个取值水平，依次标记为1、2、3，形成3个决策结果，组合形成27种压裂输入的决策类型。

根据第3章分析中的施工条件不同，依据综合压裂、单封压裂、双封酸化压裂、三封压裂、四封压裂、裸眼封隔器压裂及水力喷射压裂施工条件对样本进行分解，形成多个子样本，然后对每个子样本进行训练样本与监测样本划分，检验不同压裂施工条件下，压裂设计规则的适用性程度。

4.4.3 压裂输入变量设计的影响因素分析

1）决策表分析

表4-9表明了压裂输入变量受有效厚度等因素影响的决策信息表。施工中，依据地质资料，选取有效厚度、层数、射孔厚度、泥质含量、孔隙度、基质渗透率、含气饱和度及全烃等8个变量条件属性，条件属性集为 $C = \{F_1, F_2, F_3, F_4, F_5, F_6, F_7, F_8\}$，进行压裂输入变量组合取值的关键影响因素识别及规则探究。决策属性集 D 为压裂输入变量中入地总量、陶粒用量、混砂液量取值水平高、中、低的不同组合类型。表4-9是以单封压裂施工条件为例展示的决策信息表，分析综合压裂、双封酸化压裂、三封压裂、四封压裂、裸眼封隔器压裂及水力喷射压裂施工条件下各对应一个压裂输入变量取值设计的信息表（由于内容形式的一致性，省略了其他施工条件下的决策信息表展示）。

表4-9 压裂输入变量设计决策信息表（单封压裂）

U/A	F_1	F_2	F_3	F_4	F_5	F_6	F_7	F_8	D
x_1	8.70	3.00	8.00	12.86	11.06	0.85	63.16	57.17	1
x_2	11.00	2.00	5.00	10.30	9.95	0.79	61.16	62.66	2
x_3	18.50	2.00	7.00	11.04	10.93	0.56	58.28	12.45	1
x_4	12.40	4.00	9.00	10.93	11.34	0.62	65.16	36.11	1
x_5	9.15	3.00	8.00	13.97	9.66	0.31	61.62	50.90	1
x_6	8.00	2.00	8.00	8.36	9.39	0.68	67.05	59.53	1
x_7	9.20	3.00	8.00	15.21	10.63	0.97	54.86	22.29	1
x_8	3.40	1.00	3.00	10.50	6.50	0.30	57.54	69.88	1
x_9	4.90	1.00	3.00	4.10	5.50	0.28	34.43	10.45	1
x_{10}	16.90	3.00	7.00	15.31	10.24	1.03	54.70	44.04	1
⋮	⋮	⋮	⋮	⋮	⋮	⋮	⋮	⋮	⋮
x_{314}	4.10	2.00	4.00	9.19	7.83	0.38	69.51	27.97	1
x_{315}	6.90	3.00	5.60	4.72	8.93	0.35	73.28	14.81	1
x_{316}	12.30	2.00	5.00	8.22	9.01	0.58	46.16	28.21	2
x_{317}	6.80	2.00	4.00	11.17	9.26	0.58	66.13	18.02	1
x_{318}	4.10	2.00	5.00	7.72	9.41	0.52	61.08	42.11	1
x_{319}	5.50	1.00	3.00	18.65	13.00	1.50	54.94	26.78	1

按照不同的技术类型对总体样本数据进行分解，形成 7 个子样本集。以综合压裂施工条件为例展示分析结果，利用综合压裂的 8 个条件属性和 1 个决策属性构建决策信息系统表。

表 4-10 是数据离散化后的决策信息表，依据总生产样本的划分，每个子系统都对应一个数据离散化后的决策信息表。表 4-10 是以单封压裂施工条件为例的决策表，综合压裂、双封酸化压裂、三封压裂、四封压裂、裸眼封隔器压裂及水力喷射压裂施工条件下各对应一个压裂输入变量取值设计的决策信息表（由于内容形式的一致性，省略了其他施工条件下的决策信息表展示）。

表 4-10　数据离散化后的压裂输入变量设计决策信息表（单封压裂）

U/A	F_1	F_2	F_3	F_4	F_5	F_6	F_7	F_8	D
x_1	1	1	1	2	3	1	3	2	1
x_2	1	1	1	2	3	1	3	3	2
x_3	1	1	1	2	3	1	3	1	1
x_4	1	1	1	1	2	1	3	2	1
x_5	1	1	1	2	3	1	3	2	1
x_6	1	1	1	2	3	1	2	2	1
x_7	1	1	1	1	2	1	3	1	1
x_8	1	2	1	2	2	1	3	2	1
x_9	1	2	1	2	2	1	3	2	1
x_{10}	1	1	1	1	2	1	3	1	1
⋮	⋮	⋮	⋮	⋮	⋮	⋮	⋮	⋮	⋮
x_{314}	1	1	1	1	2	1	3	1	1
x_{315}	1	1	1	1	3	1	3	1	1
x_{316}	1	1	1	1	2	1	3	1	2
x_{317}	1	2	1	2	2	1	3	1	1
x_{318}	1	1	1	1	2	1	3	1	1
x_{319}	1	2	1	1	2	1	3	2	1

2）属性约简

属性约简通过对每一个子集合样本使用相同的约简算法进行分别约简，从而形成不同子集的约简结果；进一步统计约简结果中出现频率最高的属性组合，以此作为最终的约简结果。每个子样本进行属性约简，采用以下步骤。第一，将样本总量按照 9：1 的比例划分训练集（training set）与测试集（testing set）。训练集用以提取影响因素中的"核"，即关键性影响因素，测试集用以检验规则提取的准确程度。第二，对训练集离散化处理，保存断点，进而对离散化后的训练样本进行属性约简，并求出各个约简的"核"，同时生成决策规则。离散采用无监督算法的等宽离散方式；属性约简采用 generic algorithm（泛型算法）（约简变量选择 full）。第三，依据训练样本的离散化方法对检测样本进行离散化，依据生成的规则对检测样本进行粗糙分类识别，从而检测规则的适用情况。

表 4-11 表明了按照不同技术类型划分整体样本的情况下，各子系统属性约简的最终结果。结果显示，综合压裂、单封压裂、双封酸化压裂、三封压裂、四封压裂、裸眼封隔器压裂及水力喷射压裂施工条件下，影响入地总量、陶粒用量、混砂液量取值设计的主要影响因素存在差异性，但是存在较为一致的压裂输入变量取值设计的关键影响因素。下面从不同的技术类型对各约简结果及规则提取检验的情况进行分析。

表 4-11　技术分类情况下的属性约简结果

技术类别	约简结果
单封压裂	{F2, F4, F5, F8}
双封酸化压裂	{F2, F4, F5, F7, F8}
三封压裂	{F2, F3, F4, F5, F6}
四封压裂	{F2, F3, F4, F6}
水力压裂	{F1, F3, F4, F6}
	{F1, F2, F4, F6}
裸眼封隔器压裂	{F1, F3, F4, F6}
综合压裂	{F2, F3, F4, F5, F7}

4.4.4　压裂输入变量设计规则提取与验证

1）单封压裂施工条件下的规则提取

单封压裂技术属性约简结果为{F2，F4，F5，F8}，表明在单封压裂技术条件下，压裂变量的取值水平主要看层数、泥质含量、孔隙度及含气饱和度 4 个地质因素。在属性约简的基础上，利用 Rosetta 软件导出压裂输入变量取值水平决策规则集，共生成 41 条相应决策规则。

表 4-12 表明了部分决策规则集（单封压裂）内容。为了验证其有效性，应用生成规则对检测样本进行检测。检验结果表明，6 个检测样本中，有 4 个样本被

准确预测，与实际压裂变量取值水平一致，有 2 个预测结果与实际情况不符，正确率为 66.67%。依据上述的分析过程对其余技术条件下的属性进行约简，并提取相应的决策规则集。其他压裂施工条件下，各有一个类似表 4-12 形式的压裂输入变量取值设计的决策规则集，由于相似性，本书只列出了单封压裂施工条件下的压裂输入变量决策规则集。

表 4-12　部分决策规则集（单封压裂）

规则	等式左边支持度	等式右边支持度	等式右边准确性	等式左边覆盖度	等式右边覆盖度	等式右边稳定度	等式左边约简长度	等式右边决策属性长度
F2（1）AND F4（3）AND F5（4）AND F8（4）=> F12（1）	2	2	1	0.034 483	0.037 037	1	4	1
F2（1）AND F4（3）AND F5（4）AND F8（1）=> F12（1）	5	5	1	0.086 207	0.092 593	1	4	1
F2（2）AND F4（3）AND F5（5）AND F8（3）=> F12（2）	1	1	1	0.017 241	0.333 333	1	4	1
F2（2）AND F4（4）AND F5（4）AND F8（2）=> F12（1）	1	1	1	0.017 241	0.018 519	1	4	1
F2（1）AND F4（3）AND F5（3）AND F8（4）=> F12（1）	1	1	1	0.017 241	0.018 519	1	4	1
F2（1）AND F4（1）AND F5（3）AND F8（1）=> F12（1）	3	3	1	0.051 724	0.055 556	1	4	1
F2（2）AND F4（2）AND F5（3）AND F8（3）=> F12（1）	1	1	1	0.017 241	0.018 519	1	4	1
F2（2）AND F4（3）AND F5（3）AND F8（3）=> F12（1）	1	1	1	0.017 241	0.018 519	1	4	1
F2（1）AND F4（2）AND F5（4）AND F8（2）=> F12（1）	2	2	1	0.034 483	0.037 037	1	4	1
F2（1）AND F4（2）AND F5（3）AND F8（2）=> F12（1）	2	2	1	0.034 483	0.037 037	1	4	1
F2（3）AND F4（1）AND F5（2）AND F8（1）=> F12（1）	1	1	1	0.017 241	0.018 519	1	4	1
F2（2）AND F4（3）AND F5（4）AND F8（1）=> F12（2）	1	1	1	0.017 241	0.333 333	1	4	1

规则	等式左边支持度	等式右边支持度	等式右边准确性	等式左边覆盖度	等式右边覆盖度	等式右边稳定度	等式左边约简长度	等式右边决策属性长度
F2（1）AND F4（1）AND F5（3）AND F8（2）=> F12（1）	1	1	1	0.017 241	0.018 519	1	4	1
F2（1）AND F4（1）AND F5（4）AND F8（2）=> F12（1）	1	1	1	0.017 241	0.018 519	1	4	1
F2（1）AND F4（1）AND F5（3）AND F8（4）=> F12（1）	1	1	1	0.017 241	0.018 519	1	4	1
F2（1）AND F4（2）AND F5（5）AND F8（1）=> F12（1）	3	3	1	0.051 724	0.055 556	1	4	1
⋮	⋮	⋮	⋮	⋮	⋮	⋮	⋮	⋮
F2（1）AND F4（2）AND F5（5）AND F8（2）=> F12（1）	2	2	1	0.034 483	0.037 037	1	4	1
F2（1）AND F4（2）AND F5（4）AND F8（1）=> F12（1）	2	2	1	0.034 483	0.037 037	1	4	1
F2（2）AND F4（1）AND F5（3）AND F8（1）=> F12（1）	2	2	1	0.034 483	0.037 037	1	4	1

2）双封酸化压裂施工条件下的规则提取

双封酸化压裂技术属性约简结果为{F2，F4，F5，F7，F8}，即在双封酸化压裂施工条件中的压裂变量取值水平主要考察层数、泥质含量、孔隙度、含气饱和度及全烃等 5 个主要影响因素。压裂变量取值设计决策规则提取结果表明，共有 63 条压裂变量决策规则。应用决策规则，对 15 个检测样本进行检验，有 12 个样本被准确预测，与实际压裂变量取值水平一致，有 3 个预测结果与实际不符，正确率为 80%。

3）三封压裂施工条件下的规则提取

三封压裂技术属性约简结果为{F2，F3，F4，F5，F6}。因此，层数、射孔厚度、孔隙度、基质渗透率及含气饱和度为三封压裂施工条件中影响压裂变量取值水平的重要影响因素。决策规则集提取结果显示，有 21 条决策规则支撑三封压裂变量的选择。检验结果显示，20 个检验样本被识别，其中 19 个样本的实际值与预测情况一致，正确率达到 95%。

4）四封压裂施工条件下的规则提取

四封压裂技术属性约简结果为{F2，F3，F4，F6}。因此，层数、射孔厚度、孔隙度及含气饱和度对压裂变量取值水平的影响最为关键，是重要的决策考察变量。决策规则提取结果显示，存在 14 条相应的压裂变量取值水平决策规则。检验结果显示，7 个检测样本被识别，其中有 6 个样本的预测情况与实际情况相符，只有 1 个样本的预测出现偏差，正确率达到 85.71%。

5）水力喷射压裂施工条件下的规则提取

水力喷射压裂技术属性约简结果为{F1，F3，F4，F6}与{F1，F2，F4，F6}，核集为{F1，F4，F6}。因此，在水力喷射压裂施工条件中，有效厚度、孔隙度及含气饱和度为压裂变量取值的重要参考变量。规则提取结果显示，存在 32 条相应的决策规则。通过检验，10 个检验样本的预测情况与实际情况完全相符，正确率为 100%。

6）裸眼封隔器压裂施工条件下的规则提取

裸眼封隔器压裂技术属性约简结果为{F1，F3，F4，F6}，即有效厚度、射孔厚度、孔隙度及含气饱和度为影响压裂变量取值的重要参考变量。规则提取显示，存在 20 条相应的决策规则。检验结果显示，13 个样本被全部识别，其中 8 个样本被准确预测，与实际情况完全相符，5 个样本预测出现偏差，整体预测准确率为 61.54%。

7）综合压裂施工条件下的规则提取

综合压裂技术属性约简结果为{F2，F3，F4，F5，F7}。因此，层数、射孔厚度、泥质含量、孔隙度及含气饱和度是压裂变量取值水平的重要考察因素。规则提取显示，存在 50 条相应的决策规则。检验结果显示，32 个检验样本中有 26 个样本预测值与实际情况完全一致，被准确识别，有 2 个样本的预测出现偏差，有 2 个样本未被识别，正确率为 81.25%。

4.4.5　结果分析

图 4-6 表明了不同施工条件下的变量在属性约简分析中出现的频次，从整体施工构成来看，压裂输入变量取值组合设计的主要影响变量为孔隙度、基质渗透率、含气饱和度、全烃、泥质含量、有效厚度、层数及射孔厚度；约简过程中出现的频次排序为孔隙度（含气饱和度）>层数>射孔厚度>泥质含量>有效厚度>全烃（基质渗透率）。因此，压裂变量设计水平考量中，孔隙度、含气饱和度、层数及射孔厚度为关键性影响因素。

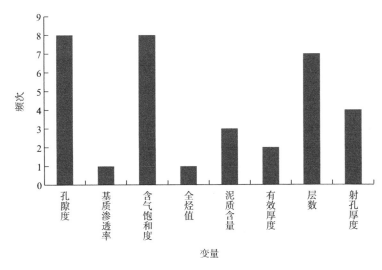

图 4-6　属性约简过程中变量出现频次

应用提取的决策规则对检测样本进行检验，整体效果良好；除了单封压裂与裸眼封隔器压裂施工条件下的决策规则检验正确率为 66.67%与 61.54%外，其他施工条件下样本检验预测正确率均在 80%及以上，表明决策规则提取整体效果良好。水力喷射压裂属性约简结果中存在"核"，即有效厚度，这一结论支撑了钻井方式对压裂技术选取的影响。水力喷射压裂多被应用于水平井作业过程中，因此，有效厚度是压裂变量设计考虑的关键因素。

4.5　压裂输入变量影响产能的数量关系分析

本节研究"地质变量→压裂变量→产能"因果网络链条的后半段，即"压裂变量→产能"的量化影响分析，给出产能对压裂输入变量取值变化的响应关系式。同时，基于稳定生产的目的，考察压裂策略变量（砂比与含砂浓度）组合取值与产能的响应关系。

4.5.1　压裂输入变量与产能量化关系分析的方法选择

1）问题描述与研究方法选择

压裂变量对致密气产能水平的影响是实际项目决策中的关键问题。前文研究压裂输入变量设计的主要影响因素，给出通过主要影响因素的数值水平情况，设计压裂输入变量的取值范围，回答了"地质变量→压裂变量"的影响关系。4.5节研究"压裂变量→产能"的量化关系。压裂变量取值水平设计对产能的影响从工程实践的角度讲是寻找压裂变量的最优生产条件，或者说是最优的生产工艺。因此，在压裂施工过程中，压裂变量的取值情况将根据具体地质变量情况反映的储层环境变化进行调整，从而形成对产能的稳定影响及产能的稳步提升。

在致密气实际压裂生产中，由于受到基础设施建设等其他经济与非经济因素的影响，存在对致密气生产进行管理与控制的现实问题，需要根据实际情况对产能进行目标化管理。在现有的技术发展条件与技术应用条件下，获得尽可能多的产出是技术应用实际效果的重要评价。但是，产能的最优性是一个相对概念。基于可持续发展的目的，要求产量有一个循序渐进的增长过程，因此，致密气开采储层压裂过程是一个生产条件的寻优过程。4.5节通过压裂变量与产能变量之间的量化关系分析，回答压裂变量设计水平进行怎样的调整能够对产能进行有效调整，以达到稳产和增产的目标。

图4-7表明了在致密气压裂过程中，压裂输入与压裂输出的施工情景。压裂输入变量与压裂输出变量间的真实变量存在未知。储层改造的重要目标之一是通过人工改造，形成有利于气藏生产的地质环境，提高储层渗透率与导流性等。储层地质改变的效果通过压裂输入变量反映到压裂输出变量上，从而形成压裂输入与压裂输出之间的关系"黑匣子"。同时，压裂输入通过一定的压裂策略变量评价压裂输入状态的稳定性与可控性，进而在压裂策略变量与压裂输出变量间构成反映关系。

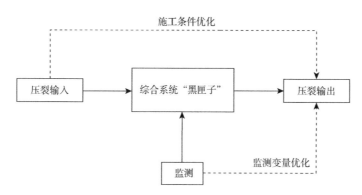

图4-7　技术效果的变量间关系

因此，压裂变量影响产能的实质是产能对压裂变量组合取值情景的响应过程，这种响应过程有利于寻找生产管理过程中的调节变量，从而实现生产工艺优化。响应面分析（response surface methodology，RSM）支撑了4.5节研究目标的实现。响应面分析结合数学应用、统计分析及实验设计技术，探讨影响因素与响应输出变量之间的数量关系，解决复杂系统输入（因变量）与输出（响应变量）之间的变量关系。响应面是实际应用中寻求最佳作业条件与最佳实验条件的有效分析工具，其理论基础由 Box 与 Willson 提出[104]。一般性的响应曲面定义和最优化模型在 Hill 与 Hunter 的研究基础上形成[105]；通过系统实验取得期望的响应值与因素水平，改进实验过程并寻求优化是响应面分析的目标；最大优势是实验过程中实现对因素各个水平的分析，该方法已经被广泛应用于农业、食品、化学、社科等学科领域[106~109]。裴艳丽等研究页岩气新井压裂规模优化设计时，应用影响面分析发现了影响气井产能水平的主要压裂变量（压裂级数、裂缝导流能力及缝网带长）对产能影响的最优组合水平[110]。因此，响应面分析支撑了4.5节的研究。

2）研究设计

依据王涛等提出的将响应面分析应用于石油领域进行研究的事实[86]，从实证角度，将入地总量、陶粒用量、混砂液量等压裂变量作为压裂输入变量，以无阻流量、日产气量、单位压降产气量等作为压裂输出变量探究压裂变量与产能之间的量化关系。同时将砂比、含砂浓度等压裂策略作为输入变量，探究压裂变量中的策略变量与产能之间的量化关系，全面考察产能对压裂变量水平的响应关系。

图 4-8 表明了产能响应面分析的实现过程。入地总量与陶粒用量是主要的支撑剂，技术中用于填补和支撑裂缝。因此，压裂液和支撑剂的用量大小会影响气井产出效果，是压裂输入的主要变量。储层压裂依据地质设计、施工设计、施工通知等施工流程进行，现场具有高度危险性。本书应用响应面分析得出压裂输入对压裂输出变量的影响关系，依据响应面分析的理论背景，形成压裂输入与压裂输出的样本实验过程。

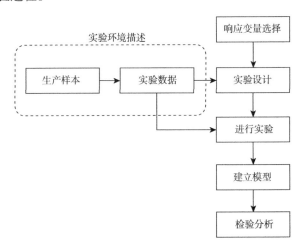

图 4-8 产能响应面分析的实现过程

产能变量评价的响应面分析从整体生产样本出发，考察不同压裂变量的取值水平设计对产能的影响及实际效果。

打开压裂输入与输出变量之间的关系"黑匣子"，解决变量间的关系优化。从两个视角研究压裂输入与输出变量间的关系。压裂输入变量包括入地总量、陶粒用量与混砂液量；压裂监测变量包括砂比与含砂浓度；压裂输出变量包括无阻流量、日产气量与单位压降产气量。

4.5.2 压裂输入变量取值的产能响应面分析的模型构建

4.5.2.1 产能响应面分析模型构建

响应面分析一般包括实验设计、建立模型、检验模型、最优求解等步骤。响应面分析通过建立响应变量与自变量的关系表达式，渐进式逼近真实情况，一阶模型估计是其初始估计形式，即

$$y = \beta_0 + \sum_i^k \beta_i x_i + \varepsilon \tag{4-14}$$

其中，ε 为响应变量的观测误差或者噪声；x_i 为因变量；β_i 为回归系数。初始模型估计后，要通过最速上升搜索（steepest ascent search）或最速下降搜索（steepest descent search）寻求较优区域。此时，响应面分析的数学表达式为更高阶的多项式。二阶响应面方程的近似函数形式为

$$y = \beta_0 + \sum_i^k \beta_i x_i + \sum_{j=k+1}^{2k} \beta_j x_{j-k}^2 + \sum_{i=1}^{k-1} \sum_{j=i+1}^{k} \beta_{ij} x_i x_j + \varepsilon \tag{4-15}$$

其中，k 为设计变量的个数；β_0、β_i、β_j、β_{ij} 分别为常数项、一次项系数、二次项系数及交叉项系数。

通过变量形式的替换，式（4-15）可转化为线性函数，令

$$\begin{cases} x_0 = 1 \\ x_1 = x_1, x_2 = x_2, \cdots, x_n = x_n \\ x_{k+1} = x_1^2, x_{k+2} = x_2^2, \cdots, x_{2k} = x_k^2 \\ x_{2k+1} = x_1 x_2, x_{2k+2} = x_1 x_3, \cdots, x_{m-1} = x_{k-1} x_k \end{cases}$$

$$\begin{cases} \alpha_0 = \beta_0 \\ \alpha_1 = \beta_1, \alpha_2 = \beta_2, \cdots, \alpha_k = \beta_k \\ \alpha_{k+1} = \beta_{k+1}, \alpha_{k+2} = \beta_{k+2}, \cdots, \alpha_{2k} = \beta_{2k} \\ \alpha_{2k+1} = \beta_{12}, \alpha_{2k+2} = \beta_{13}, \cdots, \alpha_{m-1} = \beta_{(k-1)k} \end{cases}$$

将上述公式代入式（4-15），得到如下化简形式的方程：

$$y = \alpha_0 + \sum_{i}^{m-1} \alpha_i x_i + \delta \qquad (4\text{-}16)$$

其中，α_i 为待定系数，其个数由近似函数的形式决定；α_i 的确定由不少于 m 次的独立实验（d）求得。从而得到如下的响应系数值：

$$
\begin{matrix}
x_1^{(1)}, & \cdots, & x_{m-1}^{(1)}, & y^{(1)} \\
x_1^{(2)}, & \cdots, & x_{m-1}^{(2)}, & y^{(2)} \\
\vdots & \vdots & \vdots & \vdots \\
x_1^{(d)}, & \cdots, & x_{m-1}^{(d)}, & y^{(d)}
\end{matrix}
$$

将上述响应系数值代入式（4-16），求得响应面的近似函数值为

$$
\begin{cases}
y^{(1)} = \sum_{i=0}^{m-1} \alpha_i x_i^{(1)} \\
y^{(2)} = \sum_{i=0}^{m-1} \alpha_i x_i^{(2)} \\
\quad\vdots \\
y^{(m)} = \sum_{i=0}^{m-1} \alpha_i x_i^{(m)}
\end{cases}
\qquad (4\text{-}17)
$$

再令响应面近似函数值与实验值间的误差为 $\zeta = \left(\zeta_1, \zeta_2, \cdots, \zeta_m\right)^{\mathrm{T}}$，于是有

$$
\begin{cases}
\zeta_1 = \sum_{i=0}^{m-1} \alpha_i x_i^{(1)} - y^{(1)} \\
\zeta_2 = \sum_{i=0}^{m-1} \alpha_i x_i^{(2)} - y^{(2)} \\
\quad\vdots \\
\zeta_d = \sum_{i=0}^{m-1} \alpha_i x_i^{(d)} - y^{(d)}
\end{cases}
\qquad (4\text{-}18)
$$

利用最小二乘法估计原理使得误差平方和最小，从而找到趋近所有试验点的响应面，即满足：

$$S(\alpha) = \sum_{j=1}^{d} \zeta_j^2 = \sum_{j=1}^{d} \left(\sum_{i=0}^{m-1} \alpha_i x_i^{(j)} - y^{(j)} \right)^2 \qquad (4\text{-}19)$$

对式（4-19）的 α_i 求偏导，得

$$\frac{\partial S}{\partial \alpha_i} = 2 \sum_{j=1}^{d} \left[x_i^{(j)} \left(\sum_{i=0}^{m-1} \alpha_i x_i^{(j)} - y^{(j)} \right) \right] = 0 \qquad (4\text{-}20)$$

式（4-20）即

$$\begin{cases} \sum_{i=0}^{m-1}\sum_{j=1}^{d}\alpha_i x_i^{(j)} - \sum_{j=1}^{d}y^{(j)} = 0 \\ \sum_{i=0}^{m-1}\sum_{j=1}^{d}\alpha_i x_i^{(j)} x_i^{(j)} - \sum_{j=1}^{d}y^{(j)}x_i^{(j)} = 0 \\ \vdots \\ \sum_{i=0}^{m-1}\sum_{j=1}^{d}\alpha_i x_i^{(j)} x_{m-1}^{(j)} - \sum_{j=1}^{d}y^{(j)}x_{m-1}^{(j)} = 0 \end{cases} \qquad (4\text{-}21)$$

式（4-21）可以写成矩阵的形式，即

$$\left(X\alpha - y\right)^{\mathrm{T}}X = 0 \qquad (4\text{-}22)$$

其中，X 为设计矩阵；y 为响应面值向量；α 为系数值，最终得到响应面的具体函数表达式。因此，响应面分析的核心是利用合理的实验设计方法产生数据，采用多元二次回归方程拟合因素与响应值之间的函数关系，进一步对回归方程进行分析，寻求最优的压裂变量水平，达到解决多变量问题的目的。

4.5.2.2 压裂技术施工的影响因子选择

影响因子选择是响应面分析的前提，在操作过程中往往应用一般的因子分析方法对变量间的显著性进行统计分析归类，在相应的全模型中对变量进行选择，这是统计处理规律的选择标准。同时，存在另一个变量选择的标准，即根据实际的工程背景知识进行变量选择，确定重要的影响因素数目，一般筛选不超过 5 个重要的影响因子。

从致密气开采工程背景来看，入地总量、陶粒用量、混砂液量是压裂系统的核心要素，对储层改造效果产生重要影响。在储层物理性质发生变化的过程中，这些核心要素必然与压裂输出变量产生一定的影响关系。压裂输入变量与压裂输出变量间的关系优化是工程实践希望得以解决或者寻找出稳定数值关系的关键问题。

从工程管理角度来讲，压裂技术的地质设计与施工设计都表明了安全施工的技术范围，包括压裂输入变量的相应水平设计值，从压裂施工现场的压裂车监测仪表上可以清楚看到压裂输入变量的总量变化情况与泵入的流量大小和速度等监测数据。砂比与含砂浓度是重要的监测变量，是反映支撑剂与填充剂效果的有效变量因素，构成了压裂输入与压裂输出变量关系的另外一条优化路径。因此，选取砂比与含砂浓度作为无阻流量等响应变量的影响因子。

4.5.3 量化关系分析的过程

4.5.3.1 压裂监测变量与产能的量化关系分析

1）两因子响应面中心复合设计与实验结果

中心复合设计（central composite design，CCDS）应用广泛。实验设计由 2^k 个析因设计（或部分因子设计）与 $2k$ 个坐标轴点及 n_c 个中心点组成。中心复合设计具有三个明显的特点：①序贯性；②以较少实验次数提供较多的统计信息；③较高的柔性，能够满足不同操作域和设计域的需求。

根据中心复合设计实验方案，对压裂策略变量与产能关系优化进行了 2 因子、5 水平的响应面分析，用 13 个实验点进行测试（包括析因实验点 8 个和中心点 5 个）。表 4-13 表明了压裂输入的因子选取及因子水平。

表 4-13 实验因子水平及取值水平

因子	编码值	因子水平				
		−1.41	−1	0	1	1.41
砂比	X_1	5%	15%	25%	30%	35%
含砂浓度/（克/米³）	X_2	80	260	380	450	550

实验中的储层地质标准：生产井样本来自同一地质条件下，气藏形成的地质条件相似，井型标准以直井与水平井为考察对象。生产规模以有效厚度、层数、射孔厚度为限定。实验样本容量为 730 个，影响因子 2 个，即砂比与含砂浓度；响应变量 2 个，即无阻流量、单位压降产气量。砂比在整个样本范围内，最小值为 4.55%，最大值为 35.80%。根据砂比变化趋势，计算其平均值与曲线的拐点，形成三个重要的取点水平，以平均值作为因素水平"0"，以 3 个取点水平对整体砂比进行划分，形成砂比水平变动的 3 个区间，求出各个区间的平均值。含砂浓度的因素水平划分采用与砂比同样的处理方式。实验过程中，对不同的数据样本进行不同水平的匹配，形成不同取值组合下的响应值结果；在相同因子组合下，随机抽取组合数据形成实验结果。表 4-14 表明了部分实验设计及实验结果，每一次实验结果会形成一个含有 4 个元素的向量，即 (X_1, X_2, Y_1, Y_2)，其中，X_1、X_2 分别为因变量砂比和含砂浓度，Y_1、Y_2 分别为响应值无阻流量和单位压降产气量。

表 4-14 实验设计与实验结果（部分）

实验序号	X_1 砂比	X_2 含砂浓度	无阻流量/（米³/天）	单位压降产气量/（10^3米³/兆帕）
1	1.00（30）	−1.00（260）	78.63	21.78
2	−1.00（15）	−1.00（260）	79.12	22.49

实验序号	X_1 砂比	X_2 含砂浓度	无阻流量/（米³/天）	单位压降产气量/（10³米³/兆帕）
3	0（25）	−1.41（80）	82.73	23.42
4	−1.41（5）	0（380）	70.03	27.98
5	0（25）	1.41（550）	70.01	22.26
6	−1.00（15）	1.00（450）	69.46	25.13
7	1.41（35）	0（380）	72.99	4.46
8	1.00（30）	1.00（450）	73.52	7.01
⋮	⋮	⋮	⋮	⋮
41	0（25）	0（380）	80.56	28.09
42	0（25）	0（380）	84.23	29.01
43	0（25）	0（380）	83.96	28.76
44	0（25）	0（380）	82.43	27.41
45	0（25）	0（380）	82.56	24.89

注：括号中的数字为观测点实际值

实验中的观测点值与编码值之间的转换关系为：$X_i = \dfrac{x_i - x_0}{\frac{1}{2}(x_{max} - x_{min})}$，其中，$x_i$ 为第 i 个观测点；x_0 为中心点值；x_{max} 为最大观测点因子水平值；x_{min} 为最小观测点因子水平值。

2）统计分析与响应面分析

（1）无阻流量响应面分析结果。

利用 Design-Expert 8.0.6 实验设计软件对实验结果进行二阶曲面方程拟合。表 4-15 表明了无阻流量技术监测多种模型的方差分析比较，可以看出二阶多项式模型的拟合效果要优于其他模型。

表 4-15　无阻流量技术监测多种模型的方差分析比较

模型比较	平方和	自由度	均值平方	F 值	P 值 Prob> F	模型选择结果
平均值	78 504.97	1	78 504.97	—	—	—
线性模型	141.661 9	2	70.830 96	2.855 642	0.104 5	—
二因素交互项的线性模型	5.175 625	1	5.175 625	0.191 798	0.671 7	—
二次多项式	229.843 8	2	114.921 9	61.789 69	<0.000 1	建议
三次多项式	1.342 524	2	0.671 262	0.287 437	0.761 8	—
剩余偏差	11.676 69	5	2.335 339	—	—	—
总计	78 894.67	13	6 068.821	—	—	—

表 4-16 表明了无阻流量对压裂监测变量的二次响应面分析结果，X_1、X_2、X_1X_2、X_1^2、X_2^2 均达到显著性水平（$P<0.05$），调整的 R^2 达到 0.942 7，说明无阻

流量响应值变化的 94.27% 的变异值可由砂比与含砂浓度变量观测到。同时，F 值的大小表明，在所选择的实验样本内，X_2 对技术监测变量的影响更大。模型结果显示：X_1、X_2、X_1X_2、X_1^2、X_2^2 项均通过显著检验。最终的拟合方程为：无阻流量 $= 82.75 + 0.97 \times X_1 - 4.09 \times X_2 + 1.14 \times X_1 \times X_2 - 5.31 \times X_1^2 - 2.88 \times X_2^2$。

表 4-16　无阻流量响应面回归方程方差分析（一）

模型比较	平方和	自由度	均值平方	F 值	P 值 Prob > F
模型	376.681 4	5	75.336 3	40.505 8	< 0.000 1
X_1-砂比	7.519 6	1	7.519 6	14.043 0	0.044 3
X_2-含砂浓度	134.142 3	1	134.142 3	72.123 9	< 0.000 1
X_1X_2	5.175 6	1	15.175 6	12.782 7	0.013 9
X_1^2	196.026 7	1	196.026 7	105.397 1	< 0.000 1
X_2^2	57.635 1	1	57.635 1	30.988 5	0.000 8
残差	13.019 2	7	1.859 9	—	—
失拟项	4.430 1	3	1.476 7	0.687 7	0.605 1
纯误差	8.589 1	4	2.147 3	—	—
总离差	389.700 6	12	—	—	—

　　为直观表达出各因素对响应面的影响效应，利用 Design-Expert 8.0.6 实验设计，绘制技术监测变量对无阻流量综合影响的曲面及等值线图。以每两个因素对无阻流量的影响绘制响应面与等高线。等高线的具体形状可以作为判断交互项对响应值影响作用强弱的标准，圆形等高线表示两个影响因子的交互作用不明显；椭圆形等高线则说明两个影响因子间存在较强的交互作用。图 4-9 表明了砂比与含砂浓度对无阻流量的响应面与等高线图。结果显示，砂比与含砂浓度的交互作用比较明显，其对应的等高线呈椭圆形。当砂比取中心点附近的水平时，含砂浓度由低到高变动，无阻流量呈现出先递增后递减的产量规律。

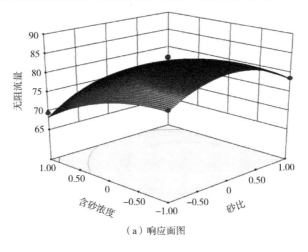

（a）响应面图

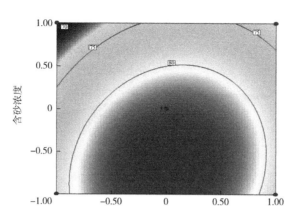

（b）等高线图

图 4-9　影响因子对无阻流量的响应面与等高线

（2）单位压降产气量响应面分析结果。

表 4-17 表明了单位压降产气量对砂比与含砂浓度变化的响应面分析结果。其中二阶响应面方程式很好地拟合了实验数据的影响关系，模型调整的 R^2 为 0.892 6，因此，单位压降产气量变化的 89.26% 的变异值可由砂比与含砂浓度变量检测到。从 F 值的大小来看，砂比对单位压降产气量的监测作用更大。模型结果显示：X_1、$X_1 X_2$、X_1^2、X_2^2 项均通过显著检验。最终的拟合方程为：单位压降产气量 $=27.63-6.51 \times X_1 -1.72 \times X_2 -4.35 \times X_1 \times X_2 -5.81 \times X_1^2 -2.50 \times X_2^2$。

表 4-17　单位压降产气量响应面回归方程方差分析（一）

模型比较	平方和	自由度	均值平方	F 值	P 值 Prob> F
模型	695.280 2	5	139.056 0	19.047 1	0.000 6
X_1-砂比	339.201 0	1	339.201 0	46.461 8	0.000 2
X_2-含砂浓度	23.703 3	1	23.703 3	3.246 7	0.114 6
$X_1 X_2$	75.777 0	1	75.777 0	10.379 5	0.014 6
X_1^2	235.057 5	1	235.057 5	32.196 8	0.000 8
X_2^2	43.578 3	1	43.578 3	5.969 1	0.044 6
残差	51.104 6	7	7.300 7	—	—
失拟项	40.155 7	3	13.385 2	4.890 1	0.079 6
纯误差	10.948 9	4	2.737 2	—	—
总离差	746.384 7	12	—	—	—

图 4-10 表明，砂比与含砂浓度对响应值的影响有明显的交互作用。图 4-10（b）等高线图说明，砂比在中心值域内取值，含砂浓度在中心点及高水平点取值区域内时，单位压降产气量的取值较高。含砂浓度越高，单位压降产气量的产值响应

越高。砂比在中心点范围时，随着含砂浓度比例从低到高变化，单位压降产气量的取值先递增然后递减，但总体响应值没有达到最高值。

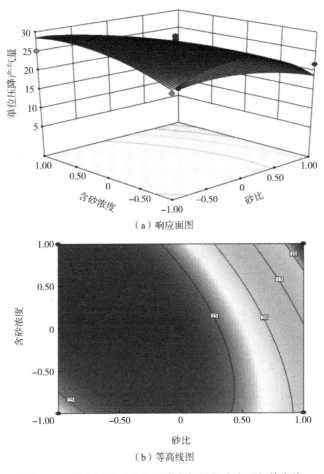

（a）响应面图

（b）等高线图

图 4-10　影响因子对单位压降产气量的响应面与等高线

4.5.3.2　压裂输入变量与产能变量的量化关系分析

1）三因子响应面 Box-Benhnken 设计分析与实验结果

Box-Benhnken 设计是拟合二阶响应曲面的设计方法，属于一种球形设计。Box-Benhnken 设计含立方体的顶点（各个变量的极值点）。当考虑到实验成本与各因子水平范围限制时，其优势更为明显。Box-Benhnken 设计的特点是：①近似旋转性；②球形设计；③实验效率高；④适用于极值处响应非研究重点的实验研究。

根据 Box-Benhnken 设计的实验方案，对压裂输入与压裂输出变量进行 3 因素、3 水平的响应曲面分析。针对 17 个实验点进行测试［包括析因实验点和中心点（零点估计误差）］。表 4-18 表明了压裂输入的因子选取及因子水平。

表 4-18 实验因子水平及取值水平

因子	编码值	因子水平		
		−1	0	1
入地总量/立方米	X_3	466.53	988.39	2 931.61
陶粒用量/立方米	X_4	61.58	118.08	262.28
混砂液量/立方米	X_5	266.81	543.47	1 417.86

整体实验样本容量为 765 个，影响因子 3 个，即入地总量、陶粒用量及混砂液量；响应变量 3 个，即无阻流量、单位压降产气量及日产气量。表 4-19 表明了变量取值水平对应响应变量的取值范围。实验过程对不同数据样本进行不同水平的匹配，形成不同样本取值组合下的响应值结果；在相同因子组合下，不放回随机抽取组合数据形成实验结果。每一次实验结果形成一个含有 6 个元素的向量，即 $(X_3, X_4, X_5, Y_1, Y_2, Y_3)$，其中，$X_3$、$X_4$、$X_5$ 分别为入地总量、陶粒用量及混砂液量，Y_1、Y_2、Y_3 分别为响应值无阻流量、单位压降产气量与日产气量。

表 4-19 变量取值水平对应响应变量的取值范围

变量	变量取值水平对应的取值域		
	−1	0	1
入地总量	[146, 685] （372）	（685, 1631） （316）	[1 631, 6 241] （76）
陶粒用量	[16, 90] （384）	（90, 165） （300）	[165, 645] （80）
混砂液量	[83, 380] （387）	（380, 890） （309）	[890, 1 200] （68）

注：括号内为相应取值范围的样本量

表 4-20 是 Box-Benhnken 设计的实验设计和实验结果，利用 Design-Expert 8.0.6 实验设计软件对实验结果进行二阶曲面方程拟合，得到不同响应变量的二阶曲面估计。经过方差分析判断，不同响应变量的二阶多项式模型的拟合效果要优于其他模型。

表 4-20 实验设计与实验结果

实验序号	X_3	X_4	X_5	无阻流量/ （米³/天）	单位压降产气量/ （10^3米³/兆帕）	日产气量/ 立方米
1	1（2 931.61）	1（262.28）	0（543.47）	78.63	25.16	25.77
2	−1（466.53）	−1（61.58）	0（543.47）	79.12	22.46	15.23
3	1（2 931.61）	−1（61.58）	0（543.47）	82.73	28.01	19.58
4	−1（466.53）	1（262.28）	0（543.47）	80.56	24.93	19.91
5	0（988.39）	0（118.08）	0（543.47）	77.56	34.19	23.73
6	1（2 931.61）	0（118.08）	1（1 417.86）	83.89	30.24	20.31
7	−1（466.53）	0（118.08）	−1（266.81）	79.54	21.73	16.24

实验序号	X_3	X_4	X_5	无阻流量/（米³/天）	单位压降产气量/（10³米³/兆帕）	日产气量/立方米
8	1（2 931.61）	0（118.08）	−1（266.81）	81.56	23.18	19.16
9	−1（466.53）	0（118.08）	1（1 417.86）	84.19	22.57	17.01
10	0（988.39）	0（118.08）	0（543.47）	84.56	31.14	24.12
11	0（988.39）	1（262.28）	1（1 417.86）	82.19	35.63	19.83
12	0（988.39）	−1（61.58）	−1（266.81）	72.99	25.45	17.41
13	0（988.39）	1（262.28）	−1（266.81）	84.11	28.17	18.69
14	0（988.39）	−1（61.58）	1（1 417.86）	82.56	27.85	17.52
⋮	⋮	⋮	⋮	⋮	⋮	⋮
38	0（988.39）	0（118.08）	0（543.47）	84.46	33.98	25.49
39	0（988.39）	0（118.08）	0（543.47）	84.98	34.12	24.31
40	0（988.39）	0（118.08）	0（543.47）	83.76	34.59	24.59

注：括号中的数字为观测点实际值。

2）统计分析与响应面分析

（1）无阻流量响应面分析结果。

表4-21为无阻流量对压裂输入变量二阶响应面拟合结果，模型失拟项为0.080 1，大于 0.05，检验显著，表明实验结果拟合较好。调整的 R^2 为 0.645 2，说明无阻流量变异值的 64.52% 由所选变量解释。拟合结果显示，X_1、X_2、X_3、X_1X_2 及 X_2^2 为统计显著项。入地总量与陶粒用量的交互影响作用明显。无阻流量影响效应顺序为入地总量影响最大，陶粒用量次之，混砂液量最小。入地总量、陶粒用量、混砂液量影响致密气无阻流量的二阶响应面方程式的最终拟合结果为：致密气无阻流量=83.97+0.36×X_1−1.20×X_2+1.20×X_3−3.28×X_1×X_2−1.50×X_1×X_3−1.08×X_2×X_3−1.68×X_1^2−3.20×X_2^2−0.14×X_3^2。

表 4-21　无阻流量响应面回归方程方差分析（二）

模型比较	平方和	自由度	均值平方	F 值	P 值 Prob>F
模型	139.034 5	9	15.448 3	4.233 2	0.035 1
X_1-入地总量	1.044 0	1	11.440 1	10.286 1	0.040 3
X_2-陶粒用量	11.568 1	1	10.568 1	9.169 9	0.041 2
X_3-混砂液量	11.496 0	1	10.696 0	9.151 8	0.041 9
X_1X_2	43.099 2	1	43.099 2	11.810 2	0.010 9
X_1X_3	8.940 1	1	8.940 1	2.449 8	0.161 5
X_2X_3	4.644 0	1	4.644 0	1.272 6	0.296 5
X_1^2	11.947 5	1	11.947 5	3.273 9	0.113 3
X_2^2	43.035 0	1	43.035 0	11.792 6	0.010 9
X_3^2	0.081 9	1	0.081 9	0.022 5	0.885 1
残差	25.545 3	7	3.649 3	—	—

续表

模型比较	平方和	自由度	均值平方	F 值	P 值 Prob> F
失拟项	22.233 3	3	7.411 1	8.950 8	0.080 1
纯误差	3.311 9	4	0.828 0	—	—
总离差	164.579 8	16	—	—	—

图 4-11 表明了影响因子对无阻流量的响应面与等高线。图 4-11（a）显示无阻流量对入地总量的响应值变化明显，无阻流量随着入地总量的增加而增加；图 4-11（b）显示无阻流量随着混砂液量的增加而增加；图 4-11（c）显示无阻流量随着陶粒用量的增加先增加后减少。图 4-11（d）~图 4-11（f）的等高线显示入地总量与陶粒用量对无阻流量的响应发挥显著的交互作用，而入地总量与混砂液量，以及陶粒用量与混砂液量的交互作用不明显。

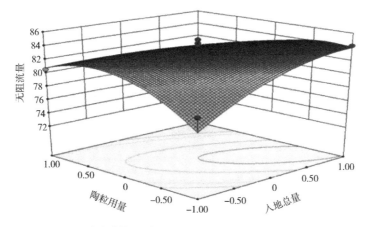

（a）陶粒用量与入地总量对无阻流量的响应面

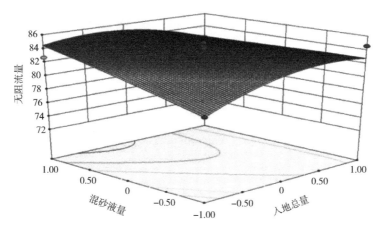

（b）混砂液量与入地总量对无阻流量的响应面

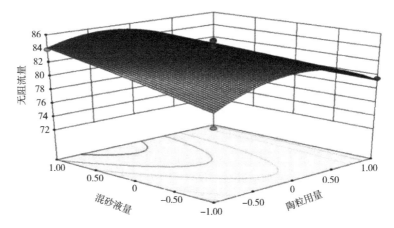

（c）混砂液量与陶粒用量对无阻流量的响应面

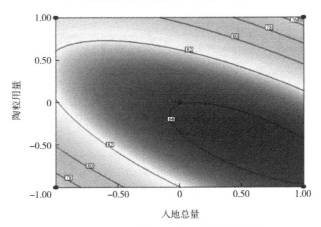

（d）入地总量与陶粒用量对无阻流量的等高线

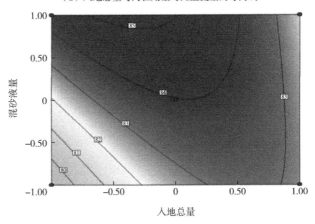

（e）入地总量与混砂液量对无阻流量的等高线

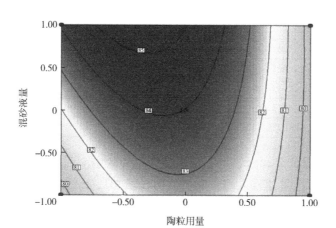

（f）陶粒用量与混砂液量对无阻流量的等高线

图 4-11　影响因子对无阻流量的响应面与等高线图

（2）单位压降产气量响应面分析结果。

表 4-22 表明了单位压降产气量的二阶曲面拟合结果，模型失拟项为 0.597 0，大于 0.05，拟合效果良好，模型假设有效拟合了数据隐含的变量关系。模型调整的 R^2 为 0.855，说明所选影响致密气单位压降产气量的变量解释了 85.5%的单位压降产气量的变异值。结果显示，X_1、X_2、X_3、X_1X_3、X_1^2、X_2^2 及 X_3^2 项统计结果显著。F 值表明因素项对单位压降产气量的影响程度大小为：入地总量>陶粒用量>混砂液量，其中入地总量与混砂液量对单位压降产气量的交互影响作用明显。入地总量、陶粒用量、混砂液量影响致密气单位压降产气量的二阶响应面方程式的最终拟合结果为：致密气单位压降产气量=33.60+1.84×X_1+1.17×X_2+2.14×X_3-1.37×X_1×X_2+1.55×X_1×X_3+1.11×X_2×X_3-6.60×X_1^2-1.91×X_2^2-2.58×X_3^2。

表 4-22　单位压降产气量响应面回归方程方差分析（二）

模型比较	平方和	自由度	均值平方	F 值	P 值 Prob>F
模型	271.692 8	9	30.188 1	21.507 8	0.000 3
X_1-入地总量	47.971 0	1	47.971 0	34.177 5	0.000 6
X_2-陶粒用量	26.136 4	1	26.136 5	17.559 8	0.004 1
X_3-混砂液量	14.634 1	1	14.634 1	10.426 2	0.014 5
X_1X_2	0.099 2	1	0.099 2	0.070 7	0.798 0
X_1X_3	9.672 1	1	9.672 1	6.891 0	0.034 2
X_2X_3	0.883 6	1	0.883 6	0.629 5	0.453 6
X_1^2	102.201 5	1	102.201 5	72.814 6	< 0.000 1
X_2^2	13.897 2	1	13.897 2	9.901 2	0.016 2
X_3^2	57.618 7	1	57.618 7	41.051 1	0.000 4

续表

模型比较	平方和	自由度	均值平方	F 值	P 值 Prob> F
残差	9.825 1	7	1.403 6	—	—
失拟项	3.398 2	3	1.132 7	0.705 0	0.597 0
纯误差	6.426 9	4	1.606 7	—	—
总离差	281.517 8	16	—	—	—

图 4-12 表明了影响因子对单位压降产气量的响应面与等高线。图 4-12（a）显示单位压降产气量随着入地总量的增加先增加后减小；图 4-12（b）显示单位压降产气量随着混砂液量的增加先上升后缓慢下降；图 4-12（c）显示单位压降产气量随着陶粒用量的增加先上升后缓慢下降。图 4-12（d）、图 4-12（e）、图 4-12（f）的等高线显示入地总量与混砂液量对单位压降产气量的影响具有明显的交互作用。

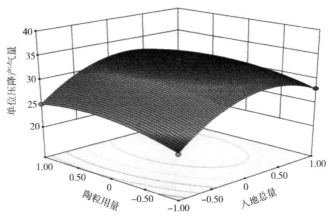

（a）陶粒用量与入地总量对单位压降产气量的响应面

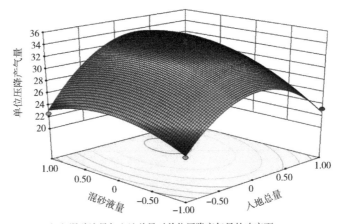

（b）混砂液量与入地总量对单位压降产气量的响应面

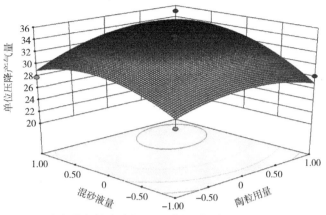

（c）混砂液量与陶粒用量对单位压降产气量的响应面

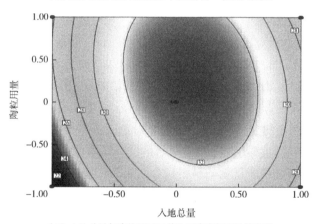

（d）入地总量与陶粒用量对单位压降产气量的等高线

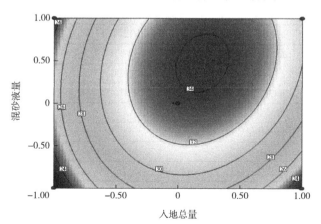

（e）入地总量与混砂液量对单位压降产气量的等高线

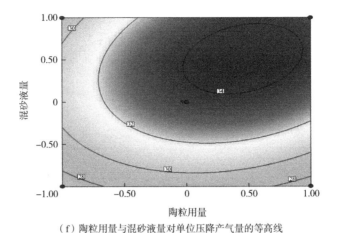

（f）陶粒用量与混砂液量对单位压降产气量的等高线

图 4-12　影响因子对单位压降产气量的响应面与等高线图

（3）日产气量响应面分析结果。

表 4-23 表明了日产气量响应面分析拟合结果。模型失拟项为 0.069 7，大于 0.05，拟合效果良好，有效反映了数据隐含的变量关系。模型调整的 R^2 为 0.875 1，说明日产气量变异的 87.51%由所选变量来解释。结果显示，X_1、X_2、X_2X_3、X_1^2、X_2^2 及 X_3^2 项统计结果显著。F 值表明因素项对单位压降产气量的影响程度大小为：入地总量>陶粒用量>混砂液量，没有显著的交互影响作用。入地总量、陶粒用量、混砂液量影响致密气日产气量的最终拟合结果为：致密气日产气量=24.45+2.05× X_1 +1.81× X_2 +0.40× X_3 +0.38× X_1 × X_2 +0.095× X_1 × X_3 +0.26× X_2 × X_3 −2.25× X_1^2 − 2.07× X_2^2 −4.01× X_3^2 。

表 4-23　日产气量响应面回归方程方差分析

模型比较	平方和	自由度	均值平方	F 值	P 值 Prob>F
模型	180.306 4	9	20.034 0	13.459 9	0.001 2
X_1 -入地总量	33.743 1	1	33.743 1	22.670 3	0.002 1
X_2 -陶粒用量	26.136 5	1	26.136 5	17.559 8	0.004 1
X_3 -混砂液量	1.256 1	1	1.256 1	0.843 9	0.051 2
X_1X_2	0.570 0	1	0.570 0	0.383 0	0.555 6
X_1X_3	0.036 1	1	0.036 1	0.024 3	0.880 6
X_2X_3	0.265 2	1	0.265 2	0.178 2	0.685 6
X_1^2	21.391 7	1	21.391 7	14.372 0	0.006 8
X_2^2	18.067 8	1	18.067 8	12.138 9	0.010 2
X_3^2	67.840 8	1	67.840 8	45.578 8	0.000 3
残差	10.419 0	7	1.488 4	—	—

续表

模型比较	平方和	自由度	均值平方	F 值	P 值 Prob> F
失拟项	8.670 9	3	2.890 3	6.613 7	0.069 7
纯误差	1.748 1	4	0.437 0	—	—
总离差	190.725 4	16	—	—	—

　　日产气量是致密气开采产能评价的主要指标之一。从分析的结果来看，当入地总量、陶粒用量、混砂液量分别取"中"值时，适当调节其他两个压裂输入变量的取值水平，能够提高致密气的日产气量。

　　图 4-13 表明了影响因子对日产气量的响应面与等高线。图 4-13（a）显示日产气量随着入地总量施工水平的提高先上升后缓慢下降；图 4-13（b）显示日产气量随着混砂液量的增加先上升后下降；图 4-13（c）显示日产气量随着陶粒用量的增加先上升后缓慢下降。图 4-13（d）、图 4-13（e）、图 4-13（f）的等高线显示，在日产气量响应值的变化过程中，没有影响显著的交互作用。

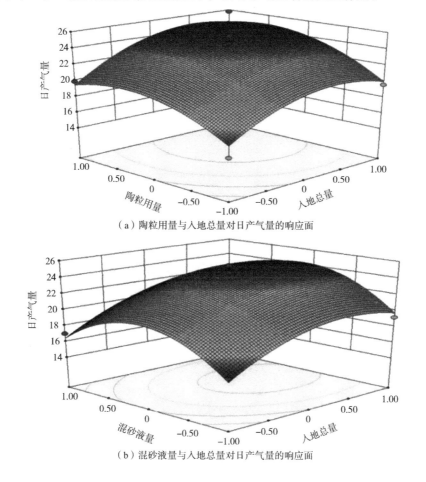

（a）陶粒用量与入地总量对日产气量的响应面

（b）混砂液量与入地总量对日产气量的响应面

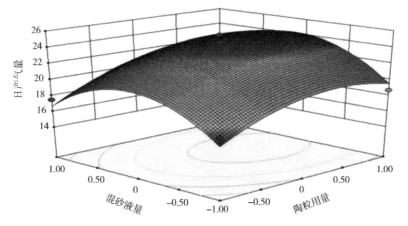

（c）混砂液量与陶粒用量对日产气量的响应面

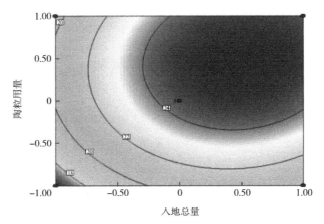

（d）入地总量与陶粒用量对日产气量的等高线

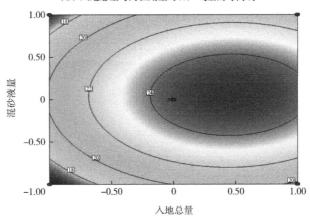

（e）入地总量与混砂液量对日产气量的等高线

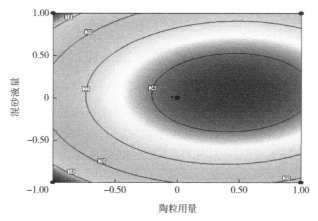

（f）陶粒用量与混砂液量对日产气量的等高线

图 4-13 影响因子对日产气量的响应面与等高线图

致密气日产气量的影响因素中，入地总量、陶粒用量、混砂液量通过一定的取值变化形成致密气日产气量的生产工艺条件，从储层压裂施工的实际情况来看，入地总量、陶粒用量、混砂液量是产能形成必不可少的施工变量，体现了压裂技术在一定程度上的适应性。因此，合理调整压裂输入变量的取值组合情况，对促进致密气开采的产能管理具有现实指导性。

4.5.4 结果分析

入地总量、陶粒用量及混砂液量是保障压裂技术效果的重要工程变量。从压裂输入角度考虑，三者对产能变量的影响是显著的。在响应面分析的基础上，可以求得针对不同响应值的技术工艺最佳变量条件。

从压裂输入的监测变量来看，无阻流量与单位压降产气量对砂比与含砂浓度的响应值变化比较明显。无阻流量是工程中重要的产能衡量变量，单位压降产气量则从生产策略角度对产气水平进行客观评价。砂比与含砂浓度可以有效监测到压裂输入与压裂输出的优化关系，从而在技术施工条件稳定的情况下便于产能管理。

从压裂输入的效果来看，入地总量、陶粒用量与混砂液量对无阻流量、单位压降产气量及日产气量的影响作用比较明显。二阶响应面方程式的拟合效果良好，反映了压裂输入与压裂输出之间的数量关系。从实验思路设计过程来看，压裂输出存在响应变量施工设计值内的最优值；从生产实践目标来看，最优条件下压裂输入变量的施工设计有助于提升产量管理水平，提高基于数据决策的管理质量。

4.6 研 究 结 论

本章基于压裂输入变量影响致密气产能的非直接作用机理，研究变量因果网络关系背景下的量化关系，通过量化关系提取，研究入地总量、陶粒用量、混砂液量取值组合的主要影响因素及其对产能影响的数量关系。首先，通过结构方程模型，分析地质变量、压裂变量与产能之间影响的因果网络格局；其次，应用粗糙集理论建模分析压裂输入变量设计的关键因素（总结压裂输入变量设计规则，解决压裂输入变量设计的"前因"问题）；最后，应用二阶响应面方程式分析压裂输入变量影响产能的数量关系（考察基于生产工艺优化视角的压裂输入与产能之间的数量关系，解决压裂输入变量设计的"后果"问题）。

通过研究得到以下主要结论。

第一，入地总量、陶粒用量与混砂液量影响产能的关系具有显著的因果网络关系，压裂输入变量影响产能的权重达到39%，地质因素的影响作用更大。

具体而言，基于产能影响因素分析的结构方程模型结果显示，地质变量、压裂变量通过不同的因果网络关系路径对致密气产能有直接、间接的影响关系，其中存在地质变量影响压裂输入变量、压裂输入变量影响产能的关键因果链条。基于储层改造效果评价的结构方程模型结果显示，压裂输入变量对储层改造效果的影响权重小于压裂策略变量对储层改造效果的影响；压裂输入变量对于储层改造效果来讲，仍然是不可忽视的一类变量，其影响的权重值占比达到39%。同时，压裂策略的选择对压裂输入变量有直接的影响关系。

第二，入地总量、陶粒用量与混砂液量设计的关键影响因素为孔隙度、含气饱和度、层数及射孔厚度。

具体而言，不同压裂施工条件下，地质变量对压裂输入变量影响的关键因素有差异，但是从整体压裂输入变量设计规则来看，入地总量、陶粒用量与混砂液量不同取值组合受压裂前序工程序列变量的影响，其中，孔隙度、含气饱和度、层数及射孔厚度为关键性因素。这些因素的取值水平决定了入地总量、陶粒用量与混砂液量的不同取值组合结果。

第三，入地总量、陶粒用量与混砂液量均通过二阶响应面方程式显著影响无阻流量、单位压降产气量及日产气量的生产水平。

具体而言，入地总量、陶粒用量与混砂液量对无阻流量、单位压降产气量及日产气量均存在二阶响应面方程式的显著影响关系；分别解释了64.52%的无阻流量的模型变异性，85.5%的单位压降产气量的模型变异性，87.51%的日产气量的模型变异性。因子交互项影响关系中，入地总量与陶粒用量的交互作用对无阻流量与单位压降产气量变动的影响显著。砂比与含砂浓度对产能影响的二阶响应面分析结果显示，存在砂比与含砂浓度的取值区间使得无阻流量与单位压降产气量达到施工条件下的最大值，两者对无阻流量与单位压降产气量的监测作用显著，分别解释了 94.27% 与 89.26% 的模型变异性。

压裂输入变量因果链分析对致密气生产管理的启示是：第一，依据地质设计与工程设计的同时，可以从取值水平角度考虑压裂输入变量的设计值；第二，从产能对压裂输入变量的响应关系中，实施有效的产能管理。

压裂输入变量影响产能的数量关系研究对致密气生产管理的启示：第一，明确了影响产能的不同变量间的因果网络关系及影响权重，指导了产能预测目的下的变量选择问题；第二，明确了地质变量与压裂变量影响产能的比重与相对关系，指导了地质研究与技术研究之间的关系，有助于明确特定施工条件的决策分析重点。

5 压裂输入变量的作用规律在产能 提升中的应用策略

本章在第 3 章的压裂输入变量作用机制研究及第 4 章的因果网络关系视角下变量间量化关系研究的基础上，探究如何应用发现的压裂输入变量作用机理及变量间的量化关系，设计压裂输入变量的优化流程。通过科学问题"压裂输入变量的优化设计策略研究"，给出不同生产周期产能井中压裂输入变量优化的流程方法，并对设计效果通过"标杆井"的实际生产数据进行评价。

5.1 引　　言

压裂变量优化对保障致密气单井开采效果具有重要的经济意义。综合而言，影响压裂变量优化设计的影响因素有很多，大致可以分为地质因素、施工因素与气藏特征因素等[111]。致密气生产曲线表现出典型的"L"形，早期产量递减迅速，低产稳产时间长。准确把握影响单井产量的变量及其影响程度、研究未来产量变动趋势对开采措施的调整具有重要的现实意义[112]。随着开采技术的发展，单井规模的投资风险逐步向油气田整体规模风险转移，因此，油气田的储量与产量评估中的不确定性因素需要量化分析[113]，科学有效地选取产能评价变量是进行压裂变量优化设计的前提。

乔磊将有效厚度（煤层厚度）、裂缝孔隙度与裂缝渗透率等变量纳入多项式指数模型，预测分析煤层气产能，并分析了不同影响因素对储层产气量的影响，应用影响的直接关系对产能水平进行了预测分析[56]。孔令晓和王彬在比较不同因素对产能影响效应时指出，煤层气井产量瞬时分析中需要评价煤层厚度、孔隙度、基质渗透率等地质变量对产能的影响程度，总结了地质变量在产能预测评价中的重要性（考虑煤层特有属性，在缺乏生产数据的情况下，对煤层气做初步的产能预测）[114]。郭建春等研究得出，基质渗透率与产能有同向变化的关系，增加基质渗透率大的储层近井地带裂缝的宽度，可以提高增产效果[115]。

现有文献关于产能影响评价因素考虑的基本变量包括基质渗透率、基质孔隙度、气藏厚度、压裂裂缝条数、裂缝长度、裂缝宽度、水平井水平段长度等变量[116]。刘洪平等从地质因素、工艺变量（压裂变量）与人工裂缝等三个方面系统论述了致密油气压裂单井产量影响因素，对产量预测的重要变量来源做了总结，包括利用致密气生产的有效厚度、含水饱和度、孔隙度、基质渗透率等因素探索了产量预测方法在致密储层油气产量预测方法中的适用性验证[117]。张君峰等分析了致密油气储层产量预测的影响因素，分析了基质渗透率、生产时间、边界效应等对产量预测的影响[118]。可见，压裂变量、地质变量是产量预测过程中的重点考察变量。

因此，利用地质变量与相关施工变量对产能的影响进行预测评价是研究产能影响因素的一个方面。从具体的优化文献来看，其主要是从压裂施工环节本身的变量进行优化研究的文献。例如，曲占庆等从井网视角考察压裂变量的优化问题，通过裂缝变量对油井累计产能的影响，得出影响压裂的主要变量与次要变量，从而进行压裂变量的优化组合提升产能[119]。钟森通过实例研究，指出裂缝间距、加砂量是影响水平井分段压裂效果的主要因素，提出了"一井一策"的单井压裂设计方案，通过构建水平井的多裂缝相互干扰下产能计算模型，对压裂的理论设计进行修正[120]。马庆利针对东营凹陷多薄层低渗透滩坝砂储层的分层压裂纵向改造程度低、导流性不足、有效裂缝长度不足等问题，分层进行集中射孔优化分析及临界施工排量优化研究，从而优化了纵向裂缝变量，提高了纵向改造程度，通过优选压裂变量、施工变量等提高储层内改造程度，研究取得了很好的增产效果[121]。曲占庆等进一步指出压裂井的裂缝变量是决定压裂效果的关键因素，应用低渗透气藏裂缝变量优化模型及气藏模型，研究出裂缝变量、裂缝间距、裂缝长度、裂缝宽度等对压裂效果的实际影响[48]，并进一步探讨了压裂裂缝变量的优化问题（参见文献[122]和文献[123]）。

压裂变量中有一类表达压裂成本的变量，即入地总量、陶粒用量、混砂液量，表达了压裂输入的实物性成本。能源技术发展领域有技术学习曲线理论，即随着产能规模的逐渐扩大，技术应用成本在经济与非经济因素的综合影响下产生的成本下降优势。压裂成本是企业进行技术推广需要考虑的首要问题。郑玉华和夏良玉研究指出，页岩气开采压裂投资过程存在学习效应，项目投资成本的逐步降低是页岩气经济效益的源泉[124]。页岩气大规模的开采保障是必要的，规模化压裂具有一定的规模效应；通过技术探索、积累与研发，逐步形成适应性高的技术手段，从而带来投资成本的降低，增加经济开采的潜力。McDonald 和 Schrattenholzer 就能源领域技术应用成本与产出的历史数据进行实证分析，得出不同能源技术的学习率（learning rate），包括原油开采、天然气管道、燃气涡轮、核能电力、水利电力、煤炭电力、风力电力、燃气循环电力、太阳光伏电力等，为后续能源领域的相关研究提供了基础[125]。Matteson 和 Williams 研究了未来蓄电池市场铅酸蓄电池（lead-acid batteries）生产成本的竞争优势，将铅酸蓄电池成本分解为材料成本与其他剩余成本，重新构建剩余成本的学习曲线模型，揭示了铅酸蓄电池成本下降的空间及未来竞争优势，为蓄电池市场能源政策的制定提供了科学依据[126]。Hong 等通过分析韩国光伏发电技术的学习率特点，得出韩国政府 R&D 投入在促进国内光伏电力产业发展方面的重要性[127]。牛衍亮等应用全球数据，分阶段研究了风力电力、太阳光电、水利电力及燃料电池等新能源技术不同发展阶段的技术学习率，就成本变动情况从技术发展的成熟性角度给出解释[128]。Yu 等研究了规模效应在不同阶段对光伏电力生产成本的影响[129]。以上文献从技术应用与成本关联的视角表明能源产业发展过程中的投入与产出之间存在一定的联系性；在特定的发展阶段，技术成本影响了技术产出的水平。本书中，压裂输入变量恰好表达了一种技术的实物性应用成本，因此，这种压裂输入变量与产能之间的关系研究很有必要，在现阶段我国新型清洁能源的产能管理研究中，技术成本的制约性研究对产业发展实践具有现实价值。

　　国内能源领域对技术学习曲线理论的应用研究显示：规模效应在降低生产成本方面发挥重要作用，但与发达国家相比，其学习率都较低[130~132]。从现有的研究文献中可知，非常规油气开采领域对技术学习曲线理论与产能预测变量选择的模型方法的应用很少，鲜有涉及技术学习的核心问题。王志刚从技术工程实现的流程角度，对比分析了我国与美国在主要开采工艺及主要非常规油气品种方面的成本特征，得出学习曲线在促进非常规油气开采技术进步及成本降低方面具有关键作用[133]。庄庆武和赵昆以非常规天然气开采试气阶段的主要开采技术为研究对象，拟合试气阶段的学习特征，给出了非常规油气开采技术实践过程中的成本变化特征[134]。整体文献研究表明，技术应用的成本类因素对技术应用的实际效果有重要的影响作用，通过实物性成本研究致密气压裂技术应用与产能的关系将是对技术成本与技术产出关联性研究的进一步深入。

　　综上所述，压裂变量优化是非常规油气开发领域的研究热点。现有研究文献都充分探究了基于产能提升的压裂变量优化过程与优化效果，但是，对压裂变量优化的研究集中在压裂施工环节本身，多从压裂技术特点出发，考察压裂策略变量（排量、砂比、裂缝长度等变量）对压裂实际效果的影响，没有考虑压裂变量中的压裂输入变量（即入地总量、陶粒用量、混砂液量）的优化对最终产能的影响，更没有从致密气开采技术流程角度，充分考察不同施工阶段变量之间的联系性。本书从变量影响的网络关系出发，通过量化关系的研究，分析如何基于压裂输入变量的作用机制与数量关系对压裂输入变量进行优化调整，以提高最终产能。

现有文献关于压裂变量的优化设计未充分考虑施工流程背景下，不同施工阶段变量间影响对压裂输入变量的优化作用。本章在第 3 章的压裂输入变量作用机制及第 4 章的因果网络关系视角下变量间量化关系研究的基础上，设计压裂输入变量优化的流程方法，探究在施工流程背景下，如何对压裂输入变量进行生产工艺优化，以打通不同施工阶段变量之间的联系性。

5.2 研 究 依 据

储层压裂是提高单井产气量的关键技术，特别是对于低渗、特低渗油气藏的开采具有重要的经济意义，是获得经济（商业化）生产的关键。因此，压裂变量的优化设计对提升致密气单井产量具有重要的经济意义。在前文变量路径关系分析的基础上，本书发现在压裂变量决策中实际被忽视的变量路径影响，即"地质变量→压裂变量→产能"，从致密气开采的施工流程来看，这条路径关系对应了致密气开采施工的技术过程。地质因素是既定的事实，属于不可控因素，主要包括基质渗透率、孔隙度、含气饱和度等储层物性因素。压裂施工变量属于可控因素，通过对压裂变量的调整优化，可以影响单井产量的生产水平[135]。通过前文的分析，在地质变量影响产能、压裂变量影响产能的基础上，依赖压裂变量对地质因素影响产能的调节作用，通过压裂变量的优化设计及调整提升单井产能将具有极大的可行性。现有的研究主要从压裂环节本身的技术特点入手，研究施工排量等压裂阶段的施工特点对压裂设计的影响，主要考察裂缝形态对压裂效果的影响[136, 137]，但是对不同技术阶段、不同施工阶段之间的数据信息联系重视不够。

从"地质变量→压裂变量→产能"影响的网络关系看，基于因果链条关系的压裂变量优化调整可以打通整个技术流程不同环节的联系，通过分析地质因素影响压裂的主要储层特征，设计压裂初始值，通过压裂变量取值调整优化，实现单井生产量的提高。本章在分析产能影响的主要变量及其对产能影响的评价基础上，给出基于变量因果网络关系链（从变量关系角度体现致密气开采的技术流程）的致密气压裂输入变量优化设计与调整策略。

5.3 致密气产能提升的数据规律应用方法设计

本节应用压裂输入变量影响致密气生产的作用规律，设计压裂输入变量影响规律应用的流程方法。

5.3.1 压裂输入变量影响规律应用的方法设计

对于单口气井生产来讲，储层物性条件是不可改变的，即它是由地质环境在长期的历史过程中按照一定的地质规律形成的，是不可改变的。但是，对于储层压裂改造的生产过程来讲，压裂输入变量（入地总量、混砂液量、陶粒用量）可以通过改变自身的取值水平使得储层环境发生变化，提高导流性，达到增产提效的目的。图 5-1 表明了压裂输入变量影响规律在产能提升中的应用方法流程。

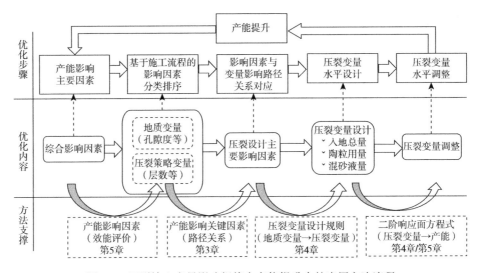

图 5-1　压裂输入变量影响规律在产能提升中的应用方法流程

第一步：分析生产井产能影响的主要因素。

第二步：提取不同类井影响产能的主要特征变量。

第三步：根据重要性对产能的特征变量进行排序。

第四步：应用压裂输入变量的设计规则，进行初始值设计。

第五步：应用产能对压裂输入变量响应的关系式对压裂输入变量初始值进行组合调整。基于不同的生产管理目标，依据压裂输入变量不同的取值组合对产能的影响规律进行生产管理。

图 5-1 关于压裂输入变量影响规律应用方法的设计依据是：第一，基于第 4 章的压裂输入变量主要影响因素作用程度排序的结果，即压裂变量设计取值的主要影响因素为孔隙度、基质渗透率、含气饱和度、全烃、泥质含量、有效厚度、层数及射孔厚度；第二，属性约简过程中出现的频次排序为孔隙度（含气饱和度）>层数>射孔厚度>泥质含量>有效厚度>全烃（基质渗透率）。因此，压裂输入变量

设计水平考量因素中，孔隙度、含气饱和度、层数及射孔厚度为关键性影响因素。结合前文产能影响变量的分析结论，即孔隙度、含气饱和度、陶粒用量、混砂液量、层数及射孔厚度为产能影响的关键因素，综上，设计出生产管理中压裂输入变量影响规律的应用方法流程。

5.3.2 压裂输入变量规律应用的实现过程

5.3.1 小节对如何在致密气产能提升过程中应用压裂输入变量的影响规律进行了实现步骤与方法流程设计。该影响规律应用的突出特点是：从生产管理全流程视角考虑了不同生产阶段数据之间的关联性。本书研究致密气生产管理的直接影响因素，即压裂输入变量，但是，压裂输入变量取值组合结果的形成受前序工程序列变量的影响。本书方法设计的侧重点是：如何将变量之间的因果关联性应用到产能管理中，以促进致密气产能水平增长提效。

1）实现过程

第一，宏观分析致密气生产的主要影响因素的重要性程度，对产能井的特征变量进行提取。

第二，针对产能井的特征变量提取结果，依据压裂方法类变量及成本类变量标准对提取的变量结果进行分类，形成压裂输入变量与压裂策略变量。

第三，通过"地质变量→压裂变量"，应用压裂输入变量取值设计的影响因素及其规则，设计压裂输入变量的初始水平值。

第四，通过"压裂变量→产能"，应用压裂输入变量对影响产能的数量关系式调整压裂输入变量的初始设计值，通过不同取值组合调整达到提高产能的目标。

2）实现的难点

第一，产能的主要影响变量提取。

实际生产中，根据生产井的采气时长将产能井划分为短期生产井（有效生产时间一年及以内）、中期生产井（有效生产时间大于一年，小于三年）与长期生产井（有效生产时间三年及以上）。应用 GMDH 分别对每类生产井影响产能的特征变量进行提取。

第二，变量量化关系的应用过程。

通过影响产能的主要因素特征变量提取结果，依据"地质变量→压裂变量"的影响关系，应用压裂输入变量的设计规则，形成压裂输入变量的初始值；依据"压裂变量→产能"对压裂输入变量初始值进行调整，从而形成压裂输入变量不同取值组合与致密气产能水平变化的对应关系，实现对产能的管理控制。

5.4 影响产能的主要因素分析及效能评价

本节基于"地质变量→产能变量"与"压裂变量→产能"的两条变量因果网络关系链，以及整个生产样本，分析影响最终产能的主要因素。

5.4.1 产能影响因素分析的方法选择

5.4.1.1 自组织映射网络选择依据

致密气产能影响因素分析需要对生产井的不同类型进行区分，由于成藏条件的复杂性，很难找到一般性的生产井分类标准。实际生产中更倾向于将具有相同储层特征的生产井归为一类。实际分析中，需要分析不同生产井地质变量的相似性，给出具体的分类结果，因此，需要引入一种无监督的学习机制实现通过地质变量对生产样本分类。自组织特征映射网络（self-organizing feature maps，SOM）是一种引入自组织特征的竞争性神经网络，是一种无监督学习神经元的网络模型，除了学习输入样本的分布外，还能识别输入向量的拓扑结构。SOM包含输入层（input layer）、输出层（output layer）两层网络，输出层引入网络的拓扑结构，更好地模拟生物学中的"侧抑制"现象（图5-2）。输入神经元与输出神经元通过权值连接；邻近的输出神经元之间也通过权值向量连接。输出神经元被放置在一维、二维，甚至多维的网格节点中（常见的是二维拓扑结构）。在竞争性神经网络中，不存在核心层之间的相互连接，在更新权值时，采用"胜者全得"的方式，每次只更新获胜神经元对应的连接权值。而在自组织映射网络中，每个神经元附近一定领域内的神经元也会得到更新，较远的神经元则不更新，从而使几何相近的神经元变得更相似。

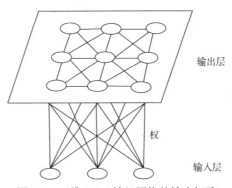

输出层

权

输入层

图 5-2 二维 SOM 神经网络的输出矩阵

SOM 聚类时，对每个输入神经元找到对应的输出神经元，通过输入矢量与权值矢量的最佳匹配来获得一个获胜神经元，获胜神经元与输入的样本具有最近的欧氏距离。通过引入侧反馈，使得获胜神经元附近的神经元的权值向获胜神经元趋近，从而在输出层进行特征聚类，实现在二维输出层中相互靠近的位置找到类似的特征。本书应用 SOM 实现致密气生产井的分类研究步骤如下。

第一步，设定变量。$x = [x_1, x_2, \cdots, x_m]$，$\omega_i(k) = [\omega_{i1}(k), \omega_{i2}(k), \cdots, \omega_{in}(k)]$。

第二步，初始化。权值使用较小的随机值进行初始化，并对输入向量和权值做归一化处理。变量对应的归一化方法如下：

$$x' = \frac{x}{\|x\|}, \quad \omega_i'(k) = \frac{\omega_i(k)}{\|\omega_i(k)\|}$$

第三步，将随机抽取的样本，进行初始化后输入网络。

第四步，更新权值。对获胜神经元拓扑领域内的神经元，采用 Kohonen 规则进行更新，即 $\omega(k+1) = \omega(k) + \eta[x - \omega(k)]$。

第五步，更新学习速率及拓扑领域，并对学习后的权值进行重新归一化，学习率及领域大小的调整按照排序阶段、调整阶段两步进行。

第六步，判断是否收敛。判断迭代次数是否达到了预设的最大值，若没有达到最大迭代次数则转到第三步继续进行，否则结束算法。

5.4.1.2　自组织建模 GMDH 选择的依据

依据生产井的地质变量对样本进行分类，下一步的分析需要提取在每一类生产井中影响最终产能水平的主要影响因素，也就是说，需要给出哪些影响因素构成了产能变化的主要因变量，即对产能主要影响特征因素的提取。从参考函数构成的初始模型集合出发，按照一定的法则遗传、变异产生多层中间候选模型，同时进行筛选；重复这种遗传、变异、选择及进化的过程，中间候选模型的复杂度不断提升，直到得到最优复杂度的模型。GMDH 的特点是数据分组和伴随整个模型过程中的内准则及外准则，核心步骤是将观测样本数据分成训练集和测试集。模型结果优劣以内准则为判断依据，在训练集中建立中间层待选模型；测试集则是利用外准则进行中间候选模型的最终选优，以最小化的外准则模型作为表达输入变量、输出变量关系的最优复杂度模型[138, 139]。

在应用 SOM 对生产井进行样本分类的基础上，本节应用 GMDH 对不同类井进行产能变量影响特征重要性提取的方法步骤如下。

第一步：将整个样本划分为训练集与测试集；利用外准则进行筛选时，训练集（A）用于产生竞争模型（确定模型变量、结构），测试集（B）用于筛选竞争模型（利用外准则）。

第二步：确定参考函数，建立输入变量与输出变量间的一般函数关系，本书使用 Kolmogorow-Gabor 多项式为参考函数，即 $y = a_0 + \sum_{i=1}^{m} a_i x_i + \sum_{i=1}^{m}\sum_{j=1}^{m} a_{ij} x_i x_j + \sum_{i=1}^{m}\sum_{j=1}^{m}\sum_{k=1}^{m} a_{ijk} x_i x_j x_k + \cdots$。其中，$x$ 为输入变量；a 为系数或者权重值；y 为输出变量。参考函数可为代数方程或者有限微分（差分）方程或者混合方程。

第三步：选择一个外准则作为一个目标函数。在模型构建过程中会产生中间模型，中间竞争模型的创建和变量估计是在训练数据集上进行的，这就意味着，通过评价不同竞争模型的质量，对竞争模型进行筛选。不同的准则选择依赖于问题的特征及模型类型，在进行特征抽取时关注拟合精度，因此适用于预测准则[28]，预测准则的计算公式为 $i^2(A) = \sum_{t \in C}\left[y_t - y_t^m(A) \right]^2$，$i^2(D) = \sum_{t \in C}\left[y_t - y_t^m(D) \right]^2$。其中，$y_t$ 表示第 t 个实际输出值；D 表示预测集；$y_t^m(\bullet)$ 函数表示在数据集得到的模型估计的第 t 个输出值。

第四步：中间模型与其筛选。GMDH 不断迭代使模型逐步复杂，因此，本书传递函数包括两个自变量，选择二元线性函数 $y = ax_1 + bx_2$ 为传递函数。层内模型筛选利用外准则在预测集 D 上评价候选模型，择优选择并作为下一层的输入。有 m 个输出变量产生第一层 $m \times (m-1)/2$ 个传递函数，并根据传递函数 $f(\bullet)$ 在测试集 B 上进行确认与筛选。

第五步：以满足外准则的传递函数为最优模型继续构建网络，直到模型结构无法再改善为止，从而得到最优复杂度的模型。

图 5-3 表示了本书变量选择的逻辑过程。本书对 GMDH 做了两点改进：第一，在 GMDH 算法中加入循环，确保训练集、测试集不同分割方式的完备性，形成多种样本组合。根据不同特征被提取的次数，统计不同特征出现的概率，对不同气井的主要特征进行识别、排序；将训练集所含样本数从 2 循环取值到 $n-1$，其中 n 为训练集的总样本数，这样保证了在同一种样本分布顺序下的训练集与预测集分配比例的完备性。第二，为了比较分析的公平性，确保样本顺序的完备性，在每一次 GMDH 运行之前，都会将训练集、测试集的样本顺序完全打乱，统计各个要素作为主成分被选出的次数，并通过"单一要素作为主成分的频数/所有主成分的总数"统计出每种要素作为主成分的概率，针对每次实验均统计随机次数的实验结果，取得实验的平均值。本书在方法改进的基础上应用 GMDH 进行变量选择，从而改变了工程实践中依据经验分析选择变量的做法，给出了变量选取的客观依据。

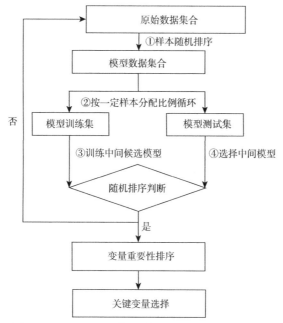

图 5-3 基于 GMDH 模型关键变量选择的建模思路

5.4.2 产能主要影响因素的分类提取

本书以孔隙度、基质渗透率、含气饱和度及全烃等地质变量为 SOM 的输入样本进行聚类分析。采用输出节点为 8×8 的二维网格表示。

图 5-4 表示 SOM 的聚类结果类别及包含的个数。整体生产样本依据地质条件差异分为三大类,样本数分别为 224 个、196 个及 236 个,依次标记为 I 类井、II 类井、III 类井,分别对每一类样本进行 GMDH 模型分析,提取每一类样本的关键变量。通过三类样本特征提取的结果对比分析影响无阻流量与单位压降产气量的关键预测变量。

表 5-1 表明了三类样本通过 GMDH 提取的变量抽样概率及累积概率排序。参照施工经验,选取抽样概率累计为 80%以上的变量作为结构模型分析的变量基础。三类井在地质变量提取中都选择了含气饱和度与孔隙度, I 类井及III 类井同时选取了全烃,根据工程技术实践经验,在模型提取变量的基础上又增加了有效厚度,结合模型的变量提取最终形成地质作用的影响因素。压裂输入变量提取中,三类井模型选取中都含有陶粒用量与入地总量,II 类井选择了砂比,同时将含砂浓度作为技术作用的影响因素纳入模型分析中,从而构成结构分析中的观测变量。

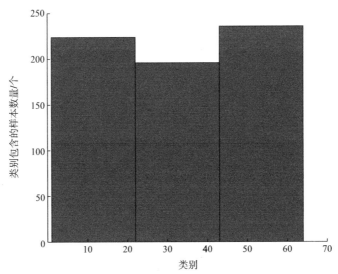

图 5-4　聚类结果类别及包含的个数

表 5-1　SOM 网络地质条件分类下的特征提取结果

重要性排序	I 类井			II 类井			III 类井		
	特征项	抽样概率	累计概率	特征项	抽样概率	累计概率	特征项	抽样概率	累计概率
1	陶粒用量	0.146	0.146	含气饱和度	0.175	0.175	有效厚度	0.209	0.209
2	基质渗透率	0.127	0.273	孔隙度	0.175	0.350	含气饱和度	0.197	0.406
3	含气饱和度	0.109	0.382	砂比	0.139	0.489	入地总量	0.098	0.504
4	全烃	0.096	0.478	射孔厚度	0.136	0.625	孔隙度	0.096	0.600
5	孔隙度	0.086	0.564	混砂液量	0.067	0.692	全烃	0.086	0.686
6	入地总量	0.084	0.648	入地总量	0.061	0.753	混砂液量	0.083	0.769
7	射孔厚度	0.079	0.727	陶粒用量	0.058	0.811	陶粒用量	0.062	0.831
8	混砂液量	0.075	0.802	含砂浓度	0.055	0.866	基质渗透率	0.049	0.880
9	有效厚度	0.072	0.874	有效厚度	0.052	0.918	射孔厚度	0.042	0.922
10	含砂浓度	0.064	0.938	全烃	0.044	0.962	砂比	0.041	0.963
11	砂比	0.062	1.000	基质渗透率	0.038	1.000	含砂浓度	0.037	1.000

注：由于舍入修约，数据有偏差

　　根据三类生产井特征提取累积概率 80% 以上及抽取频次达到 2 次及以上的特征变量作图，形成如图 5-5 所示的柱状图。结合第 4 章的结构方程分析中不同观测变量在致密气预测路径下的权重，最终形成产能的预测变量。

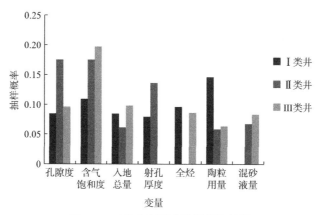

图 5-5 三类井高频次特征提取结果

图 5-5 表明孔隙度、含气饱和度、入地总量及陶粒用量在三类生产井中都被提取；射孔厚度在Ⅰ类井和Ⅱ类井中被提取；全烃在Ⅰ类井和Ⅲ类井中被提取，混砂液量在Ⅱ类井和Ⅲ类井中被提取。

依据 SOM-GMDH 致密气特征变量提取与结构影响变量权重值，结合图 5-6 的信息，最终确定致密气产能变量的主要影响因素为孔隙度、含气饱和度、陶粒用量、混砂液量、层数及射孔厚度，以此作为径向基神经网络的输入层节点进行产能影响因素的效应评价分析。

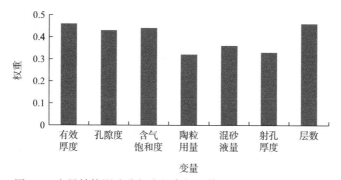

图 5-6 变量结构影响分析中的高权重值变量（权重值>30%）

5.4.3 产能主要影响因素的效能评价

5.4.3.1 致密气产能影响因素效能评价的方法选择

本小节进行产能主要影响因素的效能评价，通过变量预测分析，评价主要影响因素提取的精准性。从产能主要影响因素的提取结果看，影响产能的因素包括孔隙度、含气饱和度等地质变量，以及陶粒用量、混砂液量等压裂变量，实践应用中，需要最大可能地分析这些影响因素对产能的影响。现实中，地质条件的复杂性及压裂变量对储层环境的改造性，不同因素对产能的影响具有复杂的非线性关系。本节通过这些影响因素的非线性拟合关系，评价产能主要影响因素提取的效果。RBF（radial basis function，径向基函数）神经网络具有很强的非线性拟合能力，可以实现任意复杂非线性关系映射，具有学习规则简单，便于实现、鲁棒性较强等特点[140]。故此，本节选取 RBF 神经网络分析方法对影响产能的主要影响因素进行效能评价。

RBF 神经网络具有输入层、隐含层及输出层三层网络结构，是以径向基函数作为隐含层神经元激活函数的三层前向型神经网络（图 5-7）。RBF 神经网络的实质是将一组输入从一个空间转换到另一个空间，分别是输入层到隐含层空间的非线性转换，以及隐含层到输出层空间的线性转换。其中，网络结构中的径向基函数 $\Phi(x)$ 可以自定义，在 RBF 神经网络中，通常应用高斯 RBF，即将函数 $\Phi(x)$ 定义为 $\Phi(x) = \exp\left(-\dfrac{\|x - u_i\|^2}{2\sigma_i^2}\right)$。RBF 神经网络分为两种类型，即 Exact 型与 Approximate 型。Exact 型 RBF 神经网络表示有多少组数据，就有多少个 $\Phi(x)$，Exact 型 RBF 神经网络适用数据比较少的网络；Approximate 型 RBF 神经网络通过逐步添加 $\Phi(x)$ 函数，直到满足神经网络设定的相关要求为止，Approximate 型 RBF 神经网络多应用于数据样本比较充分的情况。

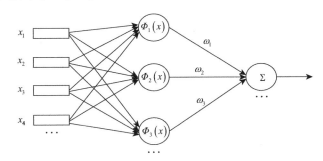

图 5-7　RBF 神经网络

由于数据样本比较充分，本书构建致密气产能预测的 Approximate 型 RBF 神经网络形式。为了凸显在 SOM-GMDH 主要变量提取情况下预测的精确性，首先构建地质变量的 RBF 神经网络，然后构建基于 SOM-GMDH 核心影响因素提取的 RBF 神经网络，并就两种预测情况下的精确度进行比较。

5.4.3.2　基于地质变量的产能 RBF 预测评价

地质变量预测的 RBF 神经网络以有效厚度、泥质含量、孔隙度、基质渗透率、含气饱和度及全烃为神经网络的输入变量，以无阻流量为神经网络的输出变量构建网络。

网络构建的描述：基于地质变量的 RBF 神经网络结构为 6-1-1，即输入层的节点为 6，隐含层为 1，输出层为 1。以 2008~2013 年的 1 000 多眼井的生产数据为训练样本，以 2015 年的 20 眼井的生产数据为检验样本，评价模型预测的精准性。图 5-8 表明了预测结果显示以有效厚度、泥质含量、孔隙度、基质渗透率、含气饱和度及全烃为预测变量时，预测值与实际值的变化趋势基本保持一致，预测值的变化趋势基本反映了实际值的变化趋势。

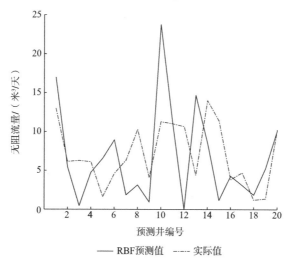

图 5-8　无阻流量 RBF 神经网络预测结果

图 5-8 表明了地质变量 RBF 神经网络的预测结果。对比预测值与实际值，预测效果比较理想。预测样本中第 3 个、第 5 个、第 10 个、第 12 个、第 13 个共 5 个样本的预测值偏离实际值稍大。

5.4.3.3　基于主要变量的 RBF 神经网络预测

主要变量指结合前文结构效应变量权重值的计算结果，通过 SOM-GMDH 所获得的 RBF 神经网络预测变量，以无阻流量为输出变量构建网络。选取孔隙度、含气饱和度、陶粒用量、混砂液量、层数及射孔厚度为网络输入变量，并比较其与选取的地质变量的预测结果，说明产能主要特征变量提取的效果。

网络构建的描述：基于主要变量的 RBF 神经网络结构为 6-1-1，即输入层的节点为 6，隐含层为 1，输出层为 1。以 2008~2013 年的 1 000 多眼井的生产数据为训练样本，以 2015 年的 20 眼井的生产数据为检验样本，评价模型预测的精准性。主要变量预测显示：预测值与实际值在保持一致变化趋势的情况下，预测值与实际值的取值水平非常接近，表现出良好的预测效果。

图 5-9 表明了基于 SOM-GMDH 预测变量选取条件下，致密气无阻流量的预测结果。可以看出，预测值准确反映了实际值的变化趋势，同时，在数值水平上预测值也更加接近实际值，预测效果很理想。

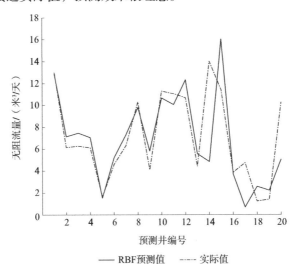

图 5-9　主要变量情景下无阻流量 RBF 神经网络预测结果

5.4.3.4　产能影响的效能评价

表 5-2 表明了以上两种预测评价变量选取条件下，不同点预测值对实际值的偏离程度。从结果来看，地质变量的预测值对实际值的偏差最大，通过 SOM 聚类分析后的 GMDH 提取的主要变量的预测结果对实际值的偏差最小，表明了产能影响因素提取的有效性。

表 5-2　RBF 神经网络预测的结果比较

真实值	预测值		相对误差	
	地质变量	提取变量	地质变量	提取变量
12.99	17.00	12.87	0.31	−0.01
6.15	5.45	7.13	−0.11	0.16
6.27	0.48	7.46	−0.92	0.19
6.12	4.75	7.05	−0.22	0.15
1.64	6.56	1.53	3.01	−0.07
4.60	8.96	5.22	0.95	0.13
6.32	1.87	7.30	−0.70	0.15
10.29	3.14	9.79	−0.69	−0.05
4.09	0.95	5.82	−0.77	0.42
11.29	23.77	10.65	1.10	−0.06

真实值	预测值		相对误差	
	地质变量	提取变量	地质变量	提取变量
11.04	11.22	10.05	0.02	−0.09
10.67	0.04	12.32	−1.00	0.15
4.41	14.68	5.57	2.33	0.26
14.01	8.57	4.84	−0.39	−0.65
11.39	1.19	16.03	−0.90	0.41
3.85	4.29	3.69	0.11	−0.04
4.72	3.11	0.68	−0.34	−0.86
1.22	1.87	2.56	0.53	1.09
1.39	5.27	2.21	2.78	0.59
10.26	10.15	5.06	−0.01	−0.51

第 3 章的压裂输入变量的调节效应检验结果说明,压裂输入变量有效地调节了地质变量与产能变量之间的影响关系;结构效应检验结果说明,压裂输入变量存在显著的影响产能的因果网络关系链,单纯依靠地质变量评价产能的潜在水平将无法达到预期的效果。这也从另外一个方面说明在致密气生产过程中,寻求更好的产能影响因素对生产管理的重要性。

5.4.4　结果分析

产能影响因素的效能分析综合评价:依据致密气生产的数据特征及工程实践,本书建立了以无阻流量衡量产能的评价分析模型。评价比较分析显示:基于地质变量的生产井分类情况下,对不同类别样本进行 SOM-GMDH 特征提取,结合结构效应分析的变量权重值,最终形成主要变量,以主要变量作为评价变量对致密气无阻流量进行 RBF 产能预测评价,从预测的实际效果来看,基于产能主要影响因素的产能评价比依据地质变量预测具有更高的准确度;从工程实际预测结果来看,预测偏差控制在 20% 以内,预测效果更为理想。孔隙度、含气饱和度、陶粒用量、混砂液量、层数及射孔厚度是宏观角度影响致密气产能的关键因素。

5.5　压裂输入变量影响产能作用规律的应用策略

本节从"地质变量→压裂变量→产能"之间的因果网络关系链分析压裂输入

变量的优化策略，给出压裂输入变量优化调整的范围与幅度。

5.5.1 不同生产周期开采井产能影响因素提取

根据致密气开采项目的实际情况，将生产井根据工程分类情况，分为短期生产井（有效生产时间一年及以内）、中期生产井（有效生产时间大于一年，小于三年）与长期生产井（有效生产时间三年及以上），应用前文 GMDH 特征提取的方法，分别对三类生产井进行特征提取。特征提取结果如表 5-3 所示。

表 5-3 短期、中期、长期生产井的特征提取结果

重要性排序	短期生产井			中期生产井			长期生产井		
	特征变量	抽样概率	累计概率	特征变量	抽样概率	累计概率	特征变量	抽样概率	累计概率
1	稳定油压	0.188	0.188	稳定油压	0.188	0.188	稳定油压	0.164	0.164
2	含气饱和度	0.106	0.294	泥质含量	0.129	0.317	砂比	0.100	0.264
3	泥质含量	0.103	0.397	有效厚度	0.095	0.412	孔隙度	0.097	0.361
4	全烃	0.101	0.498	全烃	0.094	0.506	有效厚度	0.093	0.454
5	层数	0.084	0.582	射孔厚度	0.087	0.593	基质渗透率	0.090	0.544
6	孔隙度	0.059	0.641	含气饱和度	0.059	0.652	泥质含量	0.087	0.631
7	有效厚度	0.054	0.695	层数	0.057	0.709	全烃	0.065	0.696
8	陶粒用量	0.052	0.747	孔隙度	0.053	0.762	入地总量	0.054	0.750
9	基质渗透率	0.048	0.795	含砂浓度	0.050	0.812	混砂液量	0.054	0.804
10	砂比	0.046	0.841	基质渗透率	0.048	0.860	含气饱和度	0.050	0.854
11	射孔厚度	0.044	0.885	入地总量	0.043	0.903	陶粒用量	0.045	0.899
12	混砂液量	0.040	0.925	砂比	0.037	0.940	含砂浓度	0.044	0.943
13	入地总量	0.037	0.962	混砂液量	0.035	0.975	层数	0.031	0.974
14	含砂浓度	0.038	1	陶粒用量	0.025	1	射孔厚度	0.026	1

短期生产井特征提取时，训练集的样本数量为 2~154 个，共进行了 153 次分割，对样本数据集的随机排列次数为 100 次，因此共进行了 153×100=15 300 次特征抽取。在不同的分割方式和样本数据集的随机排列顺序下，统计"特征变量"在每次随机排列时被提取的频数，然后计算该特征出现的概率并计算平均值。概率的平均值表示特征的重要度，概率值越大，表示对应的特征对短期生产井的稳态生产效能影响越大。

中期生产井特征提取时，训练集的样本数量为 2~265 个，共进行了 264 次分割，对样本数据集的随机排列次数为 100 次，因此共进行了 264×100=26 400 次特征抽取。在不同的分割方式和样本数据集的随机排列顺序下，统计"特征变量"

在每次随机排列时被提取的频数，然后计算该特征出现的概率并计算平均值。概率的平均值表示特征的重要度，概率值越大，表示对应的特征对中期生产井的稳态生产效能影响越大。

长期生产井特征提取时，训练集的样本数量为 2~341 个，共进行了 340 次分割，对样本数据集的随机排列次数为 100 次，因此共进行了 340×100=34 000 次特征抽取。在不同的分割方式和样本数据集的随机排列顺序下，统计"特征变量"在每次随机排列时被提取的频数，然后计算该特征出现的概率并计算平均值。概率的平均值表示特征的重要度，概率值越大，表示对应的特征对长期生产井的稳态生产效能影响越大。

图 5-10 表明了将致密气短期生产井的产能影响特征变量作为主成分提取中（累计概率 80%以上的特征变量）的高概率变量。其中，储层物性变量包括：含气饱和度、泥质含量、全烃、孔隙度、有效厚度和基质渗透率；压裂策略变量包括：稳定油压、层数、陶粒用量。压裂输入变量的陶粒用量、孔隙度和基质渗透率对最终产能影响具有相同的影响程度。

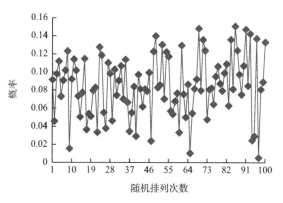

（a）层数作为主成分的概率变化

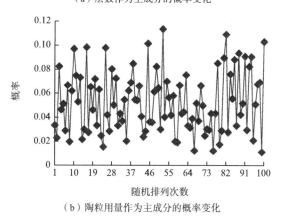

（b）陶粒用量作为主成分的概率变化

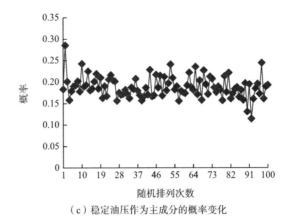

（c）稳定油压作为主成分的概率变化

图 5-10　短期生产井施工变量特征提取结果（累计概率80%以上特征变量）

图 5-11 表明了将致密气中期生产井的产能影响特征变量作为主成分提取中（累计概率80%以上的特征变量）的高概率变量。其中，地质变量包括：泥质含量、有效厚度、全烃、含气饱和度和孔隙度；压裂策略变量包括：稳定油压、层数和含砂浓度。

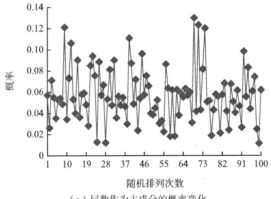

（a）层数作为主成分的概率变化

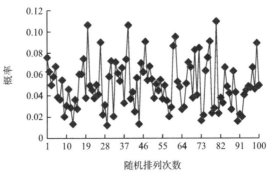

（b）含砂浓度作为主成分的概率变化

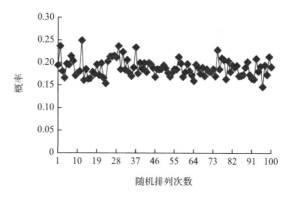

（c）稳定油压作为主成分的概率变化

图 5-11 中期生产井施工变量特征提取结果（累计概率 80%以上特征变量）

图 5-12 表明了将致密气长期生产井的产能影响特征变量作为主成分提取中（累计概率 80%以上的特征变量）的高概率变量。其中，地质变量包括：孔隙度、有效厚度、基质渗透率、泥质含量和全烃；压裂策略变量包括：稳定油压、砂比、入地总量和混砂液量。

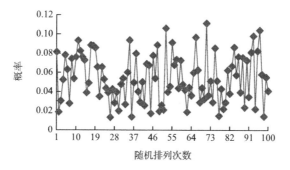

（a）混砂液量作为主成分的概率变化

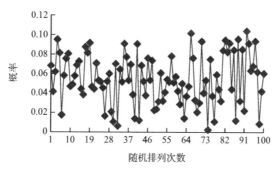

（b）入地总量作为主成分的概率变化

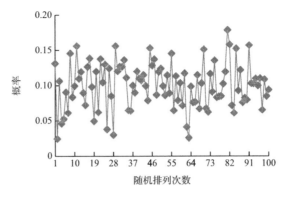

（c）砂比作为主成分的概率变化

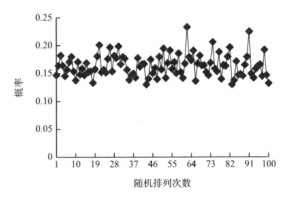

（d）稳定油压作为主成分的概率变化

图 5-12 长期生产井施工变量特征提取结果（累计概率 80% 以上特征变量）

通过三类生产井的特征提取对比，孔隙度、基质渗透率、含气饱和度等储层物性变量是短期生产井产能影响的重要因素。压裂策略变量对短期生产井开采的影响没有储层物性变量的影响程度高。短期生产井中层数、陶粒用量及稳定油压是稳定生产的重要变量。

中期生产井相较短期生产井来说，孔隙度、基质渗透率等储层物性变量对稳定生产影响的重要性有所提高，同时压裂策略变量的影响在长期生产井中的作用逐渐增大。累计概率 80% 以上的特征变量中，混砂液量、入地总量、砂比、稳定油压是影响长期生产井稳定生产的重要变量。图 5-11 显示了在致密气中期生产周期的生产井产能影响关键因素分析中，影响产能的不同变量在 GMDH 主成分抽取中的概率。

长期生产井相较中期生产井来说，孔隙度、含气饱和度等储层物性变量依然是影响稳定生产的主要变量，但是其影响程度的重要性逐渐降低，压裂策略变量在稳定生产过程中的重要性程度逐步提高。累计概率 80% 以上的特征变量中，层数、含砂浓度、稳定油压是中期生产井的主要施工变量。图 5-12 显示了在长期生产井产能影响关键因素分析中，不同影响产能的变量在 GMDH 主成分抽取中的概率值。

　　综上所述，我们发现：第一，短期生产井与中期生产井稳定生产时，地质变量对产能的影响程度更大，随着开采井生产时间的延长，压裂策略变量对稳定生产的影响程度逐步增强；第二，稳定油压对生产井的稳定生产发挥重要作用，其中，短期生产井受稳定油压影响最高，随着生产井生产时间的延长，稳定油压影响的重要程度逐渐下降，但依然发挥重要作用；第三，压裂变量（陶粒用量、入地总量、混砂液量、砂比、含砂浓度）随着开采井生产时间的延长对稳定生产的影响越来越重要。

5.5.2　不同生产周期开采井数据规律应用策略

　　图 5-13 表明了基于变量路径关系的压裂变量调整的路径和方向。可以看出，基于压裂变量的主要影响因素，依据压裂规则对生产井进行压裂变量设计，并依据压裂变量与产能的数量关系进行压裂变量调整，具有很好的产能提升效应。反映实际生产的"实际点"处在"设计点"与"高值点"的调整范围内，说明依据变量路径影响关系对压裂变量进行优化调整，寻找最优生产条件具有可行性。结论显示，依据变量间的因果网络关系链，从影响压裂输入变量的影响因素，通过压裂输入变量施工的设计规则，取得入地总量、陶粒用量、混砂液量的初始值，应用前文分析时得出的压裂决策规则，同时根据压裂输入变量影响致密气产能的数量关系式，对入地总量、陶粒用量、混砂液量的取值进行适当调整，从而实现产能的提高。从调整的路径来看，压裂输入变量的初始设计值向高值点的调整过程中，恰好包含了标杆井实际的产值水平，说明压裂输入变量影响产能的数量关系式在提高产能的过程中具有现实指标性。

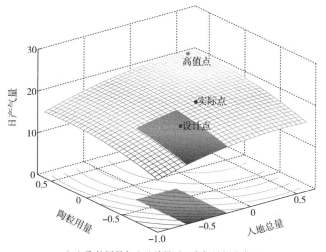

（a）陶粒用量与入地总量对日产气量的响应面

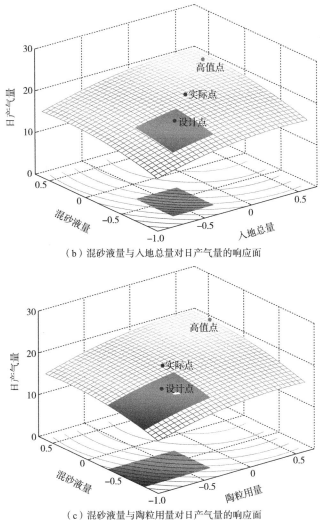

（b）混砂液量与入地总量对日产气量的响应面

（c）混砂液量与陶粒用量对日产气量的响应面

图 5-13 短期生产井产能提升的压裂输入变量优化路径

依据图 5-13 对压裂输入变量进行初始设计及优化调整，结果如下。

5.5.2.1 短期生产井压裂输入变量优化

短期生产井选取苏东 32-28C1 号生产井作为标杆井进行压裂输入变量设计、优化、调整。表 5-4 显示了所造井的原始资料。

表 5-4 短期生产井原始资料（单封压裂方式）

生产井编号	压裂输入变量真实值/立方米			日产气量/（10^4 米^3/天）
	入地总量	陶粒用量	混砂液量	
苏东 32-28C1	894.6	85.2	437.0	5.516

第一步，通过产能影响因素分析提取重要变量。得出短期生产井日产气量的重要影响因素为：稳定油压、含气饱和度、泥质含量、全烃、层数、孔隙度、有效厚度、陶粒用量和基质渗透率。

第二步，通过 GMDH-RBF 预测日产气量。选取预测变量孔隙度、含气饱和度、陶粒用量、混砂液量、层数及射孔厚度，预测值为 8.365。

第三步，影响变量分类排序。压裂输入变量设计取值的影响重要程度排序为：孔隙度（含气饱和度）>层数>射孔厚度>泥质含量>有效厚度>全烃（基质渗透率）。对应短期生产井的特征重要性排序，得出：含气饱和度>泥质含量>全烃>层数>孔隙度>有效厚度。

第四步，对照单封压裂输入变量设计的决策规则（4.4.4 小节），即"F2（1）AND F4（3）AND F5（3）AND F8（4 => F12（1）"，从而形成最终的设计结果（表 5-5），利用设计规则进行压裂变量设计时，依据 GMDM 特征提取的结果对影响因素进行排序，按照重要程度匹配设计规则。

表 5-5 压裂输入变量设计结果（短期生产井）

生产井编号	压裂输入变量设计值/立方米			日产气量/（10^4 米^3/天）
	入地总量	陶粒用量	混砂液量	
苏东 32-28C1（区间值）	466.53 [146，685]	61.58 [16，90]	266.81 [83，380]	8.365

第五步，通过日产气量对压裂输入变量的响应方程式（4.5.3 节），即"日产气量$=24.45+2.05 \times X_1 +1.81 \times X_2 +0.40 \times X_3 +0.38 \times X_1 \times X_2 +0.095 \times X_1 \times X_3 + 0.26 \times X_2 \times X_3 -2.25 \times X_1^2 -2.07 \times X_2^2 -4.01 \times X_3^2$"绘制曲面图，最后给出压裂输入变量的调整方向与取值范围。

第六步，通过压裂变量设计水平随着压裂技术发展的动态变化规律，调整压裂变量设计水平的调整幅度。

表 5-6 表明了短期生产井压裂输入变量调整的范围。可以看出，由于存在交互影响的作用，当混砂液量取均值水平时，调整入地总量与陶粒用量的取值水平，将提升致密气的单井产量水平；当陶粒用量取均值水平时，调整入地总量与混砂液量的取值水平，将提升致密气的单井产量水平；当入地总量取均值水平时，调整陶粒用量与混砂液量的取值水平，将提升致密气的单井产量水平。

表 5-6 短期生产井基于产能提升的压裂输入变量优化结果

生产目标	取均值的压裂输入变量	调整的压裂输入变量	调整范围	考虑技术进步的变量调整范围（20%）
短期生产井	混砂液量	入地总量	[-0.076，0.460]	[-0.061，0.368]
		陶粒用量	[-0.328，0.484]	[-0.262，0.387]
	陶粒用量	入地总量	[-0.076，0.460]	[-0.061，0.368]
		混砂液量	[-0.185，0.071]	[-0.148，0.057]
	入地总量	陶粒用量	[-0.328，0.484]	[-0.262，0.387]

续表

生产目标	取均值的压裂输入变量	调整的压裂输入变量	调整范围	考虑技术进步的变量调整范围（20%）
短期生产井	入地总量	混砂液量	[-0.185，0.071]	[-0.148，0.057]

5.5.2.2 中期生产井压裂输入变量优化

中期生产井选取苏东 41-59 号生产井作为标杆井进行压裂输入变量设计调整。表 5-7 表明了所选井的实际生产资料，依据前文的分析过程，得出中期生产井产能影响因素重要性排序结果为：泥质含量>含气饱和度>层数>孔隙度。

表 5-7　中期生产井原始资料（单封压裂方式）

生产井编号	压裂输入变量真实值/立方米			日产气量/（10^4 米^3/天）
	入地总量	陶粒用量	混砂液量	
苏东 41-59	1 466.9	86.3	507.7	1.961

依据对产能提升影响的排序，通过压裂输入变量设计的施工规则，即"F2（2）AND F4（3）AND F5（5）AND F8（3）=> F12（2）"，得出在中期生产井中初始的压裂输入变量设计结果，如表 5-8 所示。

表 5-8　压裂输入变量设计结果（中期生产井）

生产井编号	压裂输入变量设计值/立方米			日产气量/（10^4 米^3/天）
	入地总量	陶粒用量	混砂液量	
苏东 41-59（区间值）	466.53 [146，685]	118.08 [90，165]	266.81 [83，380]	5.624

依据压裂输入变量设计值，通过"压裂变量→产能"路径关系的量化影响，对初始压裂输入变量水平进行调整。图 5-14 表明，生产井的实际压裂输入变量值都处于变量调整的范围内，说明通过压裂输入变量的调整，可以有效提升致密气日产气量水平。

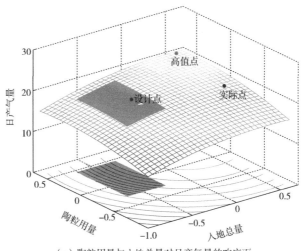

（a）陶粒用量与入地总量对日产气量的响应面

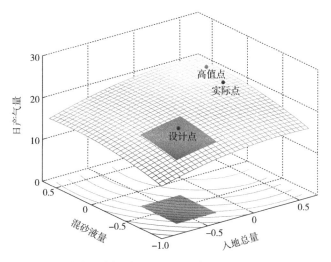

（b）混砂液量与入地总量对日产气量的响应面

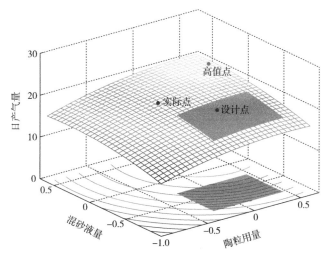

（c）混砂液量与陶粒用量对日产气量的响应面

图 5-14 中期生产井产能提升的压裂输入变量优化路径

表 5-9 表明了中期生产井压裂输入变量调整的范围。可以看出，由于存在交互影响的作用，当混砂液量取均值水平时，调整入地总量与陶粒用量的取值水平，将提升致密气的单井产量水平；当陶粒用量取均值水平时，调整入地总量与混砂液量的取值水平，将提升致密气的单井产量水平；当入地总量取均值水平时，调整陶粒用量与混砂液量的取值水平，将提升致密气的单井产量水平。

表 5-9　中期生产井基于产能提升的压裂输入变量优化结果

生产目标	取均值的压裂变量	调整的压裂输入变量	调整范围	考虑技术进步的变量调整范围（20%）
中期生产井	混砂液量	入地总量	[0.388, 0.460]	[0.310, 0.368]
		陶粒用量	[−0.317, 0.484]	[−0.254, 0.387]
	陶粒用量	入地总量	[0.388, 0.460]	[0.310, 0.368]
		混砂液量	[−0.062, 0.071]	[−0.050, 0.057]
	入地总量	陶粒用量	[−0.317, 0.484]	[−0.254, 0.387]
		混砂液量	[−0.062, 0.071]	[−0.050, 0.057]

5.5.2.3　长期生产井压裂输入变量优化

长期生产井选取苏东 41-59 号生产井作为标杆井进行压裂输入变量设计调整，并与实际施工结果对比。表 5-10 表明了所选井的实际生产资料，依据前文的分析过程，得出长期生产井对产能提升影响的重要度排序结果为：孔隙度>泥质含量>含气饱和度>层数。

表 5-10　长期生产井原始资料（单封压裂方式）

生产井编号	压裂输入变量真实值/立方米			日产气量/（10^4 米³/天）
	入地总量	陶粒用量	混砂液量	
苏东 41-59	884.48	136.71	462	4.555

依据对产能提升影响的排序，通过压裂输入变量设计的施工规则，即"F2（1）AND F4（1）AND F5（3）AND F8（4）=> F12（1）"，得出在长期生产井中初始的压裂输入变量设计结果，如表 5-11 所示。

表 5-11　压裂输入变量设计结果（长期生产井）

生产井编号	压裂输入变量真实值/立方米			日产气量/（10^4 米³/天）
	入地总量	陶粒用量	混砂液量	
苏东 41-59（区间值）	466.53 [146, 685]	61.58 [16, 90]	266.81 [83, 380]	8.759

依据压裂输入变量设计值，通过"压裂变量→产能"路径关系的量化影响，对初始压裂变量水平进行调整。图 5-15 表明，生产井压裂输入变量，即入地总量、陶粒用量和混砂液量的实际值都处于变量调整的范围内，说明依据变量间的因果

网络关系链，从影响压裂输入变量的影响因素，依据压裂输入变量设计规则，取得入地总量、陶粒用量、混砂液量的初始值；再根据压裂输入变量影响致密气产能的数量关系式，对入地总量、陶粒用量、混砂液量的取值进行适当调整，从而实现产能的提高。从调整的路径来看，压裂输入变量的初始设计值向高值点的调整过程中，标杆井实际产值水平处于调整路径附近，说明压裂输入变量影响产能的数量关系式在提高产能的过程中具有现实指标性。

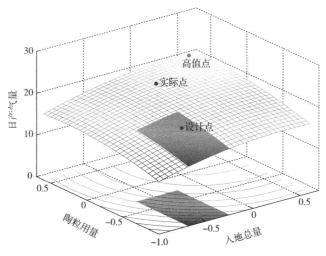

（a）陶粒用量与入地总量对日产气量的响应面

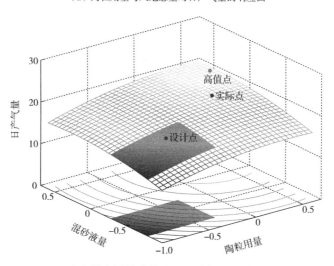

（b）混砂液量与陶粒用量对日产气量的响应面

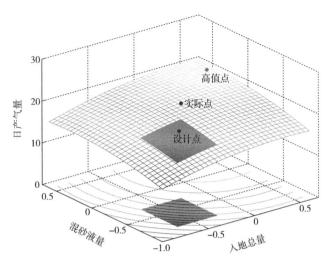

（c）混砂液量与入地总量对日产气量的响应面

图 5-15 长期生产井产能提升的压裂输入变量优化路径

表 5-12 表明了长期生产井压裂输入变量调整的范围。可以看出，由于存在交互影响的作用，当混砂液量取均值水平时，调整入地总量与陶粒用量的取值水平，将提升致密气的单井产量水平；当陶粒用量取均值水平时，调整入地总量与混砂液量的取值水平，将提升致密气的单井产量水平；当入地总量取均值水平时，调整陶粒用量与混砂液量的取值水平，将提升致密气的单井产量水平。

表 5-12 长期生产井基于产能提升的压裂输入变量优化结果

生产目标	取均值的压裂输入变量	调整的压裂输入变量	调整范围	考虑技术进步的变量调整范围（20%）
长期生产井	混砂液量	入地总量	[-0.117, 0.460]	[-0.094, 0.368]
		陶粒用量	[0.186, 0.468]	[0.149, 0.374]
	陶粒用量	入地总量	[-0.117, 0.460]	[-0.094, 0.368]
		混砂液量	[-0.142, 0.071]	[-0.114, 0.057]
	入地总量	陶粒用量	[0.186, 0.468]	[0.149, 0.374]
		混砂液量	[-0.142, 0.071]	[-0.114, 0.057]

5.5.3 结果分析

综上分析，压裂变量优化的前提是研究人员根据物探阶段对影响气井产能的主要变量进行识别，选择影响压裂变量设计的主要因素，通过"地质变量→压裂变量"路径关系初步设计压裂变量的取值范围,实际施工中,依据"压裂变量→产能"路径关系量化影响,对压裂变量进行优化调整,最终实现致密气单井产量的提升。工程人员取得压裂变量的设计值后,应结合工程实践予以调整,要考虑以下几个方面。

第一,最优变量组合是否符合工程实践情况。尤其是在注入对应的压裂液和支撑剂时,设计的最优变量无法全部按照配比注入地层中,要利用效能的变化趋势图,有目标地选择较为合适的变量组合,尽可能提升压裂效果,实现增产提效的目标。

第二,工程人员储层改造施工的一致性。在实际施工中,工程人员应该严格按照研究人员的施工设计单进行操作;应对工程人员进行完善的培训,制定统一的施工标准,确保储层改造时人为因素的偏差较小。

第三,及时记录施工变量和设计变量,并反馈给研究人员。研究人员根据施工变量与设计变量的差异性,重新对气井的生产效能作出判断和预测。依据数字化平台的构建,确保致密气开采项目不同技术环节、不同管理部门之间数据记录的准确性、传输的畅通性及交流的互动性。

5.6　研究结论

本章研究了如何应用压裂输入变量的作用机理及变量间的量化关系,设计压裂输入变量优化的策略方案;通过实例井生产数据说明入地总量、陶粒用量、混砂液量取值组合优化的流程与最终的优化效果。在压裂输入变量优化的过程中:首先,通过 GMDH、SOM 分析影响产能变化的主要因素;其次,对提取的主要影响因素进行分类,形成压裂输入变量与其他变量两类;最后,针对提取的不同生产井的特征变量,对照提取的影响产能的变量分类结果,在"地质变量→压裂变量→产能"的因果网络关系链下,参照压裂输入变量设计规则分析入地总量、陶粒用量及混砂液量取值在短期生产井、中期生产井、长期生产井情景下的初始值,并根据压裂输入变量与产能的数量关系调整初始值的合理范围,实现变量优化。

研究得到以下主要结论。

第一,压裂输入变量对不同生产周期生产井的产能影响作用不同,生产周期越长,压裂变量对产能影响的重要性越高;生产周期越短,地质变量对产能影响的重要性越高。

具体而言,基于地质变量的聚类分析能够将具有相同、相似地质条件的生产井区分开，以分离地质条件的差异性。不同类生产井的产能影响因素存在差异性，但是存在重要性较高的产能影响因素，即孔隙度、含气饱和度、陶粒用量、混砂液量、层数及射孔厚度。随着生产周期的加长，压裂策略变量对产能影响的重要性逐渐增强。

第二，基于变量因果网络关系链关联性设计压裂输入变量优化流程，实现了不同施工阶段变量之间的关联性，提高了增产概率。

具体而言，在设计压裂输入变量的优化流程时，应用"地质变量→压裂变量→产能"因果网络关系链对实践具有指导性。在"地质变量→压裂变量"因果网络关系链下，基于第 4 章压裂输入变量设计的设计规则，对压裂输入变量进行初始值设计；基于"压裂变量→产能"因果网络关系链下的数量关系，对压裂输入变量设计值进行优化调整，通过数量关系式可以明确调整的方向与调整的程度，能有效提升致密气的单井产量。三个生产井的数据表明：通过因果网络关系链设计变量的优化流程对提升致密气日产气量水平具有重要的指导意义。

生产管理启示：第一，产能预测变量的选择要充分考虑不同变量间影响的因果网络关系及变量权重；第二，压裂输入变量的优化调整要注重对变量之间因果网络关系路径的清晰认识，分析不同生产井特征下的产能评价因素；第三，加强不同管理部分、不同管理阶段的联系与互动，提升数据传输的畅通性；第四，强化数据分析对传统经验决策、概率决策方式的补充与支持。

6　研　究　总　结

通过文献研究，结合前期对致密气开采项目的实地调研信息，本书总结出当前致密气开采工程序列中压裂决策环节存在的问题，可以概括为：整个致密气开采施工流程中，不同管理主体独立决策；不同部门、不同施工环节信息交互程度低；大量生产数据在管理决策中的价值没有被充分挖掘与体现；生产管理很大程度上依然有赖于经验式、理论式的管理方式；基于数据精准分析的决策模式尚未形成。

本书从压裂施工环节切入，分析压裂输入变量在致密气生产链条上的影响机理，探究如何应用压裂输入变量影响的数量关系对入地总量、陶粒用量、混砂液量进行优化设计与调整，实现产能提升，从而打通致密气开采不同施工阶段的联系性。

通过对前人研究的总结，本书发现了研究可以进一步拓展的空间与方向。第一，关于施工变量影响机理的研究，现有文献充分研究了不同变量对产能的影响，分析方式包括因素分析与预测分析，但是对变量之间的间接影响关系研究不够充分，特别是对压裂输入变量影响产能的作用机制等问题的研究鲜有涉及。第二，关于变量之间的量化关系研究，现有研究文献对产能影响因素的量化研究很少，在地质不确定的情况下，尚没有具体研究变量之间数量关系的完整成果呈现。进一步的研究可以通过变量之间的因果网络关系，研究变量间因果网络关系链上的量化关系，特别是对压裂输入变量影响产能的数量关系的研究对提升致密气生产质量极具现实指导性。第三，现有文献对致密气开采不同施工环节变量对压裂变量优化设计影响的研究没有充分体现出来。进一步的研究可以从变量影响的因果网络关系链上寻求变量之间的有利于压裂变量优化实现的关联性。

基于以上可以拓展的研究空间，本书立足压裂施工环节，研究基于储层改造施工流程视角下的压裂输入变量影响产能的作用机理及其优化策略。本章将总结本书研究展开的具体问题与研究结论，以及本书的主要创新工作和进一步的研究方向。

6.1　主　要　结　论

本书基于致密气开采的工程序列流程［即地质勘探→钻井（录井）→测井→固井→压裂（试气）→采收］，从施工变量影响的因果网络关系视角，研究致密气开采压裂过程中压裂输入变量的作用机理及其优化设计问题，为实际工程中的压裂决策与产能管理提供有益的决策参考。围绕压裂变量的影响机理与优化设计，本书具体对三个问题展开研究：①压裂施工过程中压裂输入变量的影响机理研究，实现对地质变量、压裂变量及产能之间影响的关系辨析。依据压裂工程实际，提出压裂输入变量对地质变量影响产能关系的调节作用，检验压裂输入变量的调节作用，探究在储层压裂过程中变量影响的表现形式与影响程度。②压裂输入变量影响产能的量化关系研究，实现变量因果网络关系链下变量量化关系的规则提取。检验变量之间的因果网络关系路径；挖掘"地质变量→压裂变量"路径下的数量关系，提取压裂输入变量决策的设计规则；挖掘"压裂变量→产能"路径下，产能对压裂输入变量取值的响应关系，给出具体的数量关系式。③压裂输入变量的优化设计策略研究，实现压裂变量在产能提升目标下的优化设计。基于变量影响路径关系及数量关系，给出压裂变量在产能目标驱动下的优化设计策略。

研究问题与结论如下。

研究内容一。本书第 3 章研究问题为：将压裂输入变量作为调节变量，研究其影响产能的作用机制，通过对入地总量、陶粒用量、混砂液量的调节效应检验，分析压裂输入变量在储层物性（孔隙度、基质渗透率、含气饱和度）与产能影响关系中的调节作用机制，通过变量关系辨析，实现在压裂输入变量直接影响产能的基础上完整呈现产能影响因素的不同作用形式，检验压裂输入变量在施工决策中的重要性。

结果表明：压裂输入变量在储层物性影响产能关系的过程中发挥调节性。在不同的压裂施工条件下，入地总量、陶粒用量、混砂液量分别调节了孔隙度、基质渗透率、含气饱和度对产能（单位有效时间产气量）的影响关系。但是，不同压裂施工条件下，压裂输入变量调节作用的表现形式不同。入地总量的调节效应主要表现在综合压裂、单封压裂及三封压裂施工条件下；陶粒用量的调节作用主要表现在三封压裂与水力喷射压裂施工条件下；混砂液量的调节作用主要表现在双封酸化压裂与三封压裂施工条件下。从压裂输入变量的交互影响的表现形势来看，入地总量分别与孔隙度、基质渗透率形成交互作用影响产能；陶粒用量与孔隙度形成交互作用影响产能；混砂液量与孔隙度形成交互作用影响产能。

研究内容二。本书第 4 章在第 3 章的变量作用机制研究的基础上，将入地总量、陶粒用量、混砂液量作为解释变量，通过影响产能的因果网络呈现与数量关系提取，探究压裂输入变量对产能的量化影响。首先，通过结构方程模型分析压裂输入变量作用机理下的变量间路径关系；其次，在"地质变量→压裂变量"因果网络关系链下，应用粗糙集理论分析压裂输入变量的主要影响因素，提取压裂输入变量的设计规则；最后，在"压裂变量→产能"因果网络关系链下，通过响应面分析，研究产能变量对压裂输入变量取值响应的量化关系式。

结果表明：变量之间的作用存在显著的因果网络关系。影响产能的直接关系链包括：气藏地质→产能效果、产能效率→产能效果、压裂输入→产能效果。影响致密气产能的间接路径关系包括：气藏地质→压裂输入→产能效果、压裂输入→产能效率→产能效果、储层物性→压裂策略→产能效率→产能效果、气藏地质→压裂策略→产能效率→产能效果。通过计算影响变量的路径关系权重值得出，压裂策略变量对储层改造效果的影响权重更大。从压裂变量决策的角度来看，变量影响的直接路径关系应用比较充分，对变量间接关系的价值挖掘不足，特别是"地质变量→压裂变量→产能"路径关系应用不足。本书以压裂输入变量为核心的因果网络关系链研究解决了致密气压裂施工中企业最为关心的施工决策问题及压裂变量的监测问题。因果链条"地质变量→压裂变量"的量化研究显示，孔隙度、含气饱和度、层数及射孔厚度是影响压裂输入变量设计水平的关键地质变量；不同压裂技术下，地质变量对压裂变量影响的关键因素有差异性。"地质变量→压裂变量"路径关系下压裂输入变量设计的施工规则在不同技术应用条件下的适应性在 80% 以上（单封压裂技术压裂变量的决策规则适应性为 66.67%，裸眼封隔器技术压裂变量的决策规则适应性为 61.54%）。"压裂变量→产能"因果网络关系链下变量量化研究显示：砂比与含砂浓度对无阻流量的监测作用显著，解释了无阻流量 94.27% 的模型变异性；砂比与含砂浓度对单位压降产气量的监测作用明显，解释了单位压降产气量响应值的 89.26% 的变异性，均存在二阶响应方程式的量化影响关系。压裂输入变量对产能的影响均存在其二阶响应面方程式，其二阶响应面方程式分别解释了 64.52% 的无阻流量的变异性，85.50% 的单位压降产气量的变异性，以及 87.51% 的日产气量的模型变异性。

研究内容三。本书第 5 章在第 4 章的因果网络关系视角下变量间量化关系研究的基础上，研究在"地质变量→压裂变量→产能"因果网络关系链下，入地总量、陶粒用量、混砂液量的优化设计策略。首先，提取产能影响的主要特征变量；其次，设计压裂输入变量的初始值（基于地质变量→压裂变量链条下的压裂输入变量设计的施工规则）；最后，调整压裂输入变量的取值范围（基于压裂变量→产能链下压裂输入变量影响产能的数量关系式）。研究给出入地总量、陶粒用量、混砂液量优化设计的步骤和方法。

结果表明：不同生产周期生产井的产能影响因素存在差异性，生产周期越长，压裂变量在产能影响中的重要性越来越高；生产周期越短，地质变量在产能影响中的重要性越来越高。基于"地质变量→压裂输入变量"的因果网络关系链，应用量化分析中获得的压裂输入变量取值设计的施工规则，设计入地总量、陶粒用量、混砂液量的初始值；基于"压裂输入变量→产能"的因果网络关系链，应用量化分析中压裂输入变量影响产能的数量关系，对入地总量、陶粒用量、混砂液量初始值进行优化调整，通过对压裂输入变量取值组合的适当幅度的调整，取得实际的优化效果。实例（标杆井生产数据验证）说明了，基于变量因果网络关系链的压裂输入变量取值设计与调整可以打通不同生产阶段数据之间的联系，支撑压裂决策的精准性。

6.2 研究特色

6.2.1 创新点一

从变量关系辨析的角度，在压裂输入变量直接影响产能的基础上，本书研究检验了入地总量、陶粒用量与混砂液量在孔隙度与产能、基质渗透率与产能、含气饱和度与产能三组关系中的调节效应，说明压裂输入变量在产能影响中的重要地位与作用。结论从定性研究视角验证了压裂输入变量影响产能作用机理的存在性，为压裂输入变量的优化设计提供了机理分析依据。

从代表性文献的分析来看，现有文献讨论压裂变量的优化设计时，以产能影响因素分析为视角，充分利用不同变量直接影响产能的关系，强调不同变量与产能之间的直接因果关联性。因此，从变量影响的因果网络关系而言，对产能作用的直接影响关系研究比较充分，但是对压裂变量影响产能机理的分析不够充分，特别是缺少对压裂变量中压裂输入变量（即入地总量、陶粒用量、混砂液量）影响产能的作用机理及变量间作用关系的辨析。总结学者对致密气等非常规油气的研究文献发现，地质因素、工程因素及储层环境是影响产能的主要因素，遗憾的是鲜有文献对各类变量影响产能的相互关系进行探究，特别是针对压裂环节的压裂变量开展的研究更少。本书依据生产实际描述致密气开采施工的技术全流程，即"物探（地质勘探）→钻井（录井）→测井→固井→压裂（试气）→采收"，聚焦技术全流程上的压裂施工环节，研究致密气压裂施工阶段的压裂输入变量的影响机理、挖掘不同变量影响作用的相互关系，发现了在实际生产分析与决策过程中被忽视的压裂输入变量影响产能的作用机制，并具体发现了入地总量、陶粒用量、混砂液量分别与孔隙度形成"交互影响"的作用方式。

该部分研究验证性地分析了压裂输入变量影响机理的存在性，进一步丰富了对压裂变量影响产能的作用机理的探究，完善了关于压裂变量影响机理的研究内容，为压裂输入变量的优化设计分析提供了依据。

6.2.2　创新点二

从变量因果网络关系的角度，研究了入地总量、陶粒用量与混砂液量影响产能的量化关系。通过对"地质变量→压裂变量→产能"因果网络关系链上变量数量关系的提取，发现了压裂输入变量取值设计的主要影响因素及施工决策规则，以及压裂输入变量通过二阶响应面方程式影响产能。结论从定量研究视角为压裂输入变量设计提供了数量关系的分析依据，指导了实际的生产决策。

从代表性文献的分析来看，现有文献进行压裂变量的优化设计时，很少考虑压裂施工环节以外工程序列中的其他施工变量对压裂变量取值设计的影响。关于压裂变量的优化分析，已有的文献重点考虑压裂施工环节自身变量取值水平对产能的影响。但是，从实际的压裂施工流程来看，压裂变量的设计同样受前序施工环节的影响，表现在生产数据上，即前序工程序列变量对压裂变量的影响，因此，对压裂变量所处的变量因果网络关系中的因果关系链表现形式及其量化关系进行研究对压裂变量优化设计至关重要。遗憾的是，已有研究文献对此涉及较少。在变量量化分析方面，缺少对变量间因果网络关系链中的量化关系探究。本书以变量因果网络关系为基础，实现了对"地质变量→压裂变量→产能"因果网络关系链下变量量化关系的呈现。本书从量化分析视角总结入地总量、陶粒用量、混砂液量取值组合的施工决策规则，分析压裂施工过程中入地总量、陶粒用量、混砂液量取值变化影响产能的数量关系式。

该部分研究呈现了压裂输入变量作用机理下的变量因果网络关系中的数量关系，探究了压裂输入变量影响产能的数量规律，结论从定量研究视角为压裂输入变量优化设计提供了数量关系的分析依据。

6.2.3　创新点三

本书从优化方法设计的角度，研究了入地总量、陶粒用量与混砂液量最优生产工艺的设计策略。依据压裂输入变量的主要影响因素设计入地总量、陶粒用量与混砂液量初始值，通过压裂输入变量对产能影响的数量关系对入地总量、陶粒用量与混砂液量的取值进行优化调整，发现基于变量因果网络关系链的变量取值组合设计打通了施工流程间的数据因果联系。结论从数据规律应用视角拓展了实际决策中压裂输入变量优化的实现路径。

从代表性文献的分析来看,现有文献进行压裂变量生产优化的决策过程较为独立,没有充分考虑不同施工阶段变量之间的影响关系。同时,较多研究对压裂变量的优化设计主要集中在压裂策略变量方面,如砂比、含砂浓度等,对压裂输入变量的考虑较少。基于此,本书转换压裂输入变量优化设计与调整的分析视角,从因果网络关系链视角,研究如何将压裂输入变量影响产能的作用机理及数据规律服务于压裂决策。基于对压裂输入变量影响产能的作用机理及压裂输入变量在变量间因果网络关系下的数量关系分析,将压裂输入变量施工设计的规则及其影响产能的数量关系应用到压裂输入变量的优化设计策略中,探究如何打通不同施工阶段变量之间的联系。在压裂输入变量的优化设计策略中,充分考虑前序工程施工变量对压裂输入变量取值设计的影响,又充分考虑压裂输入变量对产能的影响,将压裂输入变量取值设计的"前因后果"关系在变量因果网络关系链的视角下充分体现出来。

本书从施工全流程体现的变量因果网络关系链角度,首先,分析不同生产周期样本生产井产能的主要影响因素,评价产能预测影响因素提取的有效性。其次,在"地质变量→压裂变量→产能"关系链下,将产能的主要影响因素与其施工阶段(不同产能影响变量的来源)进行对应。再次,依据压裂输入变量不同取值组合设计的施工规则,形成压裂输入变量压裂决策的初始值;依据压裂输入变量影响产能的数量关系,对压裂输入变量取值进行优化调整,给出压裂输入变量取值调整的范围。最后,完成对压裂输入变量的优化过程。

该部分研究分析了如何在变量优化过程中应用压裂输入变量影响产能的作用机理及变量间因果网络关系链上的量化关系,打通不同施工阶段的联系。结论拓展了压裂变量(压裂输入变量与压裂策略变量)优化过程中的实现路径,补充了经验决策的内容,提供了压裂决策的现实依据。

6.3　政　策　建　议

通过致密气开采压裂输入变量优化决策的分析,本书给出以下产业发展建议。

6.3.1　推进数据精准分析为基础的管理模式,辅助传统的管理决策模式

将传统的管理决策模式与数据驱动的决策模式相互结合,形成以传统经验决

策先行、数据分析决策支撑和验证的管理模式。数据发展对现代企业管理决策带来了巨大冲击，迫切要求企业管理决策模式的变革。庞大的、多样化的数据具有统计分析和相互验证的价值与意义，为各种决策分析提供了支持。以往，企业由于数据的缺乏与搜集途径的单一，仅凭借评价相对有限的数据资源作为决策参考，同时依赖长期实践作业中的经验积累。数据的发展改变了企业长期依靠经验、理论与思想的决策模式，使得经验判断让位于精准的数据分析。对于致密气生产企业而言，数据分析对企业的决策更为关键，科学的情报分析辅助经验决策可以进一步降低生产决策的风险，从而让决策回到问题本身，通过精准的数据分析解决实际问题。

6.3.2 推进数字化油气田建设的进程，构建企业生产数据库

利用物探、钻井、测井、压裂、采气施工环节安装的数据传感器，从数据源采集原始数据，对直接采集的数据进行关联、组合、融合处理，将其转化为各种可视化的、直观的、标准的数据格式，然后按照所属阶段，将这些数据存储到对应的数据库中，转化为有用的信息用于知识获取和规律发现。例如，转化为含气饱和度、基质渗透率、孔隙度等储层物性的指标数据，构建反映开采过程的不同特点的数据库，进一步通过数据提取和分析、知识获取，服务于油气开发的决策过程。

6.3.3 推进数据分析平台的建设，营造数据分析驱动决策的行业标准

数据驱动分析的前提是数据采集的准确性。因此，在致密气开采领域应尽快形成数据采集、存储的行业标准。致密气开采是大型的复杂工程，涉及的人和事繁杂。数据的收集需要考虑不同施工主体的专业性，数据收集过程中的人为因素对数据收集质量也有重要的影响，如操作失误、数据遗漏等现象。从数据分析的目标保障来讲，需要规范的行业数据收集方式、表现形式和存储方法，从保障后期决策分析的一致性与通用性。同时，需要建设不同施工阶段的信息传输机制，保障不同管理部门之间、不同管理主体之间信息交互的畅通性。

参 考 文 献

[1] 孙希利. 油气生产进入智能化时代[N]. 中国石化报，2016-04-11，第5版.

[2] 杨金华，邱茂鑫，郝宏娜，等. 智能化——油气工业发展大趋势[J]. 石油科技论坛，2016，（6）：36-42.

[3] 周源. 油气行业智能化的三大关键点[N]. 网络世界，2015-07-27，第27版.

[4] 付金华，石玉江，王娟，等. 长庆油田勘探开采服务型共享数据中心构建研究[J]. 中国石油勘探，2017，（6）：1-8.

[5] 王少锋，仲济祥，王建国，等. 基于物联网的油气管道远程数据采集系统开发[J]. 油气储运，2018，37（4）：443-448.

[6] 金剑，王想，丁城峰. 长距离油气管道生产自动化数据模型[J]. 油气储运，2018，（4）：454-461.

[7] 赵连玉，李睿，赵晓明，等. 管道数据记录仪的研制与应用[J]. 油气储运，2018，37（1）：69-73.

[8] Law B E，Curtis J B. Introduction to unconventional petroleum systems[J]. AAPG Bulletin，2002，86（11）：1851-1852.

[9] Kuuskraa V A，Schmoker J W，Dyman T S. Diverse gas plays lurk in gas resource pyramid[J]. Oil and Gas Journal，1998，96（23）：123-131.

[10] Masters J A. Deep basin gas trap，western Canada[J]. AAPG Bulletin，1979，63（2）：152-181.

[11] Holditch S A. Tight gas sands[J]. Journal of Petroleum Technology，2006，58（6）：86-93.

[12] 张文泉. 现代项目管理理论及应用[J]. 设备监理，2017，（1）：22-26.

[13] 刘子鹤. 现代项目管理理论在工程管理中的运用[D]. 天津大学硕士学位论文，2007.

[14] 刘涛. 国内外项目管理模式的比较研究[J]. 工程建设与设计，2017（8）：184-186.

[15] 王永坤. 施工项目集成管理研究[D]. 辽宁工程技术大学硕士学位论文，2005.

[16] McCracken M，Fitz D E，Ryan T C. Tight gas surveillance and characterization：impact of production logging[C]. SPE Unconventional Reservoirs Conference，Keystone，2008.

[17] 刘畅. 压裂水平对致密气藏开采的影响及优化研究[J]. 当代化工，2015，44（8）：1862-1864.

[18] 邱中建，赵文智，邓松涛. 我国致密砂岩气和页岩气的发展前景和战略意义[J]. 我国工程

科学，2012，14（6）：4-8.

[19] 张国生，赵文智，杨涛，等. 我国致密砂岩气资源潜力、分布与未来发展地位[J]. 我国工程科学，2012，14（6）：87-93.

[20] 王静，赵修太，白英睿，等. 我国致密气开采技术现状及未来发展定位[J]. 精细石油化工进展，2013，14（6）：16-20.

[21] 邹才能，朱如凯，吴松涛，等. 常规与非常规油气聚集类型、特征、机理及展望——以我国致密油和致密气为例[J]. 石油学报，2012，33（2）：173-187.

[22] 茌卫东. 苏里格气田水平井开采分段压裂技术研究[D]. 西安石油大学硕士学位论文，2013.

[23] 王永辉，卢拥军，李永平，等. 非常规储层压裂改造技术进展及应用[J]. 石油学报，2012，33（1）：149-158.

[24] Yuan B，Wood D A. A holistic review of geosystem damage during unconventional oil，gas and geothermal energy recovery[J]. Fuel，2018，227：99-110.

[25] Silva T L S，Morales-Torres S，Castro-Silva S，et al. An overview on exploration and environmental impact of unconventional gas sources and treatment options for produced water[J]. Journal of Environmental Management，2017，200：511-529.

[26] Measham T G，Fleming D A. Impacts of unconventional gas development on rural community decline[J]. Journal of Rural Studies，2014，36：376-385.

[27] Torres L，Yadav O P，Khan E. A review on risk assessment techniques for hydraulic fracturing water and produced water management implemented in onshore unconventional oil and gas production[J]. Science of the Total Environment，2016，539：478-493.

[28] Yudhowijoyo A，Rafati R，Haddad A S，et al. Subsurface methane leakage in unconventional shale gas reservoirs：A review of leakage pathways and current sealing techniques[J]. Journal of Natural Gas Science and Engineering，2018，54：309-319.

[29] Bolonkin A，Friedlander J，Neumann S. Innovative unconventional oil extraction technologies[J]. Fuel Processing Technology，2014，124：228-242.

[30] Soeder D J. The successful development of gas and oil resources from shales in North America[J]. Journal of Petroleum Science and Engineering，2018，163：399-420.

[31] DiGiulio D C，Shonkoff S B C，Jackson R B. The need to protect fresh and brackish groundwater resources during unconventional oil and gas development[J]. Current Opinion in Environmental Science & Health，2018，3：1-7.

[32] McClung M R，Moran M D. Understanding and mitigating impacts of unconventional oil and gas development on land-use and ecosystem services in the US[J]. Current Opinion in Environmental Science & Health，2018，3：19-26.

[33] Hays J，McCawley M，Shonkoff S B C. Public health implications of environmental noise associated with unconventional oil and gas development[J]. Science of the Total Environment，

2017，580：448-456.

[34] Mayer A. Quality of life and unconventional oil and gas development：towards a comprehensive impact model for host communities[J]. The Extractive Industries and Society，2017，4（4）：923-930.

[35] Merriam E R, Petty J T, Maloney K O, et al. Brook trout distributional response to unconventional oil and gas development：landscape context matters[J]. Science of the Total Environment，2018，628~629：338-349.

[36] Fischer M, Ingold K, Ivanova S. Information exchange under uncertainty：the case of unconventional gas development in the United Kingdom[J]. Land Use Policy，2017，67：200-211.

[37] Kryukov V，Moe A. Does Russian unconventional oil have a future?[J]. Energy Policy，2018，119：41-50.

[38] Zheng L，Wei P，Zhang Z，et al. Joint exploration and development：a self-salvation road to sustainable development of unconventional oil and gas resources[J]. Natural Gas Industry B，2017，4（6）：477-490.

[39] Song Y，Li Z，Jiang Z X，et al. Progress and development trend of unconventional oil and gas geological research[J]. Petroleum Exploration and Development，2017，44（4）：675-685.

[40] Wang L, Tian Y, Yu X, et al. Advances in improved/enhanced oil recovery technologies for tight and shale reservoirs[J]. Fuel，2017，210：425-445.

[41] Feblowitz J. Analytics in oil and gas：the big deal about big data[C]. SPE Digital Energy Conference，Woodlands，2013.

[42] 孙光雄. 自动化仪表在实现数字化油田中的应用[J]. 黑龙江科技信息，2015，（11）：71.

[43] Hems A，Soofi A，Perez E. How innovative oil and gas companies are using big data to outmaneuver the competition[J]. Microsoft White Paper，2014.

[44] Wiggins M L，Startzman R A. An approach to reservoir management[C]. SPE Annual Technical Conference and Exhibition，Delta，1990.

[45] 李月清. 我国非常规油气发展未来方向——访我国科学院院士、著名石油天然气地质学和地球化学专家戴金星[J]. 中国石油企业，2014，（1）：78-81.

[46] 王慎言. 加快非常规油气资源的开采利用[J]. 石油科技论坛，2008，26（6）：20-23.

[47] 宫夏屹，李伯虎，柴旭东，等. 数据平台技术综述[J]. 系统仿真学报，2014，26(3)：489-496.

[48] 曲占庆，黄德胜，李小龙，等. 低渗气藏压裂水平井裂缝参数优化研究与应用[J]. 断块油气田，2014，21（4）：486-491.

[49] 洪祥议，薛骊阳，王瑜，等. 油田集输系统仿真优化及实施过程[J]. 管道技术与设备，2015，（4）：4-6，18.

[50] 冯周，李宁，武宏亮，等. 缝洞储集层测井最优化处理[J]. 石油勘探与开采，2014，41（2）：176-181.

[51] 钱旭瑞，刘广忠，唐佳，等. 页岩气井产能影响因素分析[J]. 特种油气藏，2012，19（3）：81-83.

[52] 孙海成，汤达祯，蒋廷学. 页岩气储层裂缝系统影响产量的数值模拟研究[J]. 石油钻探技术，2011，39（5）：63-67.

[53] 段永刚，曹廷宽，王容，等. 页岩气产量幂律指数递减分析[J]. 西南石油大学学报（自然科学版），2013，（5）：172-176.

[54] 祝彦贺. 北美某盆地 Z 区块页岩油气产量的影响因素[J]. 海洋地质前沿，2013，29（8）：33-38，52.

[55] 刘佳. 煤层气产能影响因素分析及常用的预测技术[J]. 国外测井技术，2015，（2）：15-18，26.

[56] 乔磊. 煤层气储层测井评价与产能预测技术研究[D]. 中国地质大学（北京）博士学位论文，2015.

[57] 刘之的，杨秀春，陈彩红，等. 鄂东气田煤层气储层测井综合评价方法研究[J]. 测井技术，2013，37（3）：289-293.

[58] 何衡，杨红，刘顺，等. 低渗透油藏压裂施工参数对压裂效果的影响分析[J]. 辽宁化工，2013，42（12）：1427-1430.

[59] 张磊，赵凤兰，侯吉瑞，等. 物性参数对特低渗油藏压裂效果的影响及参数组合优选[J]. 科学技术与工程，2012，12（22）：5593-5596.

[60] 李庆辉，陈勉，金衍，等. 压裂参数对水平页岩气井经济效果的影响[J]. 特种油气藏，2013，20（1）：146-150，158.

[61] 白玉湖，杨皓，陈桂华，等. 压裂参数对页岩气井产量递减典型曲线影响分析[J]. 天然气与石油，2014，32（4）：34-38，9.

[62] 李飒爽. 基于层次分析法的页岩可压性评价方法[D]. 东北石油大学硕士学位论文，2016.

[63] 赵玉龙. 基于复杂渗流机理的页岩气藏压裂井多尺度不稳定渗流理论研究[D]. 西南石油大学博士学位论文，2015.

[64] 谭鹏，金衍，韩玲，等. 酸液预处理对深部裂缝性页岩储层压裂的影响机制[J]. 岩土工程学报，2018，40（2）：384-390.

[65] 束青林，郭迎春，孙志刚，等. 特低渗透油藏渗流机理研究及应用[J]. 油气地质与采收率，2016，（5）：1-7.

[66] 李国旗，叶青，李建新，等. 煤层水力压裂合理参数分析与工程实践[J]. 中国安全科学学报，2010，20（12）：73-78.

[67] 吕华永. 低渗透煤层水力压裂参数优化研究[D]. 河北工程大学硕士学位论文，2015.

[68] 张玉荣. 分层注水储层参数变化机理与配注参数动态调配方法研究[D]. 东北石油大学博士学位论文，2011.

[69] 方杰，温忠麟，梁东梅，等. 基于多元回归的调节效应分析[J]. 心理科学，2015，（3）：715-720.

[70] 温忠麟，侯杰泰，张雷. 调节效应与中介效应的比较和应用[J]. 心理学报，2005，37（2）：268-274.

[71] Bauer D J，Curran P J. Probing interactions in fixed and multilevel regression：inferential and graphical techniques[J]. Multivariate Behavioral Research，2005，40（3）：373-400.

[72] Preacher K J，Curran P J，Bauer D J. Computational tools for probing interactions in multiple linear regression，multilevel modeling，and latent curve analysis[J]. Journal of Educational and Behavioral Statistics，2006，31（4）：437-448.

[73] 刘会虎，桑树勋，李梦溪，等. 沁水盆地煤层气井压裂影响因素分析及工艺优化[J]. 煤炭科学技术，2013，（11）：98-102.

[74] 唐颖，邢云，李乐忠，等. 页岩储层可压裂性影响因素及评价方法[J]. 地学前缘，2012，（5）：356-363.

[75] 聂玲，周德胜，郭向东，等. 利用灰色关联法分析低渗气藏压裂影响因素[J]. 断块油气田，2013，20（1）：133-136.

[76] 王瑞. 致密油藏水平井体积压裂效果影响因素分析[J]. 特种油气藏，2015，22（2）：126-128，157.

[77] 刘宏杰，冯博琴，李文捷，等. 粗糙集属性约简判别分析方法及其应用[J]. 西安交通大学学报，2007，（8）：939-943.

[78] 刘宏杰，娄兵，刘涛平，等. 基于覆盖粗糙集的地震属性约简及应用[J]. 石油地球物理勘探，2012，（5）：740-746，844.

[79] 刘涛平，刘宏杰，娄兵，等. 基于粗糙极化稀疏矩阵的地震属性融合约简方法及其应用[J]. 石油地球物理勘探，2016，（4）：774-781.

[80] 李珂. 粗糙集和神经网络相融合的物探作业风险评估模型的研究[D]. 西南石油大学硕士学位论文，2016.

[81] 冯贵阳. 软计算在沉积微相模式识别中的应用研究[D]. 西安石油大学硕士学位论文，2016.

[82] 杨兴越，刘庆红，赵凯. 高斯和声粗糙集 BNN 光纤管道泄漏监测[J]. 计算机工程与设计，2016，（9）：2559-2564.

[83] 付超. 气田产量递减分析法在 KAJI-SEMOGA 油田致密储层资源预测中的应用[C]. 2016油气田勘探与开发国际会议，北京，2016.

[84] 李铁军，薛玲，郭大立，等. 基于粗糙集与遗传算法的储层识别技术[J]. 断块油气田，2014，（2）：196-200.

[85] 翟成威. 油气钻井工程项目的风险管理研究[D]. 中国石油大学（华东）硕士学位论文，2012.

[86] 王涛，颜明，郭海波. 一种新的回归分析方法——响应曲面法在数值模拟研究中的应用[J]. 岩性油气藏，2011，23（2）：100-104.

[87] 宋瑞. 时间、收入、休闲与生活满意度：基于结构方程模型的实证研究[J]. 财贸经济，2014，（6）：100-110.

[88] 李维，朱维娜. 基于结构方程模型的地区经济发展影响因素分析[J]. 管理世界，2014，（3）：172-173.

[89] 李煜华，王月明，胡瑶瑛. 基于结构方程模型的战略性新兴产业技术创新影响因素分析[J]. 科研管理，2015，36（8）：10-17.

[90] 温涵，梁韵斯. 结构方程模型常用拟合指数检验的实质[J]. 心理科学，2015，（4）：987-994.

[91] 张露，郭晴. 碳标签对低碳农产品消费行为的影响机制——基于结构方程模型与中介效应分析的实证研究[J]. 系统工程，2015，（11）：66-74.

[92] 陈昭玖，胡雯. 人力资本、地缘特征与农民工市民化意愿——基于结构方程模型的实证分析[J]. 农业技术经济，2016，（1）：37-47.

[93] 张兵，曾明华，陈秋燕，等. 基于 SEM 的城市公交服务质量-满意度-忠诚度研究[J]. 数理统计与管理，2016，35（2）：198-205.

[94] 李晓娣，陈家婷. FDI 对区域创新系统演化的驱动路径研究——基于结构方程模型的分析[J]. 科学学与科学技术管理，2014，（8）：39-48.

[95] 吴明隆. 结构方程模型——Amos 的操作与应用[M]. 重庆：重庆大学出版社，2009：41-60.

[96] 李根生，黄中伟，牛继磊，等. 地应力及射孔参数对水力压裂影响的研究进展[J]. 石油大学学报（自然科学版），2005，（4）：142-148.

[97] 王维. 油页岩水力压裂数值模拟及实验研究[D]. 吉林大学博士学位论文，2014.

[98] 黄中伟，李根生，牛继磊，等. 水力射孔参数对油水井压裂影响的数值试验[J]. 石油机械，2006，（2）：1-3，77.

[99] 邓燕. 基于粗糙集——支持向量机的油气储层参数预测方法研究[D]. 中国地质大学（北京）博士学位论文，2013.

[100] 马海纬. 基于粗糙集和神经网络的油气钻井作业安全评价模型研究[D]. 西南石油大学硕士学位论文，2015.

[101] 刘涛平，刘宏杰，娄兵，等. 基于粗糙极化稀疏矩阵的地震属性融合约简方法及其应用[J]. 石油地球物理勘探，2016，51（4）：774-781，6.

[102] 张文修，吴伟志. 粗糙集理论介绍和研究综述[J]. 模糊系统与数学，2000，（4）：1-12.

[103] 王国胤，姚一豫，于洪. 粗糙集理论与应用研究综述[J]. 计算机学报，2009，（7）：1229-1246.

[104] Box G E P，Wilson K B. On the experimental attainment of optimum conditions[A]//Johnson N L，Kotz S. Breakthroughs in Statistics. New York：Springer，1992：270-310.

[105] Hill W J，Hunter W G. A review of response surface methodology：a literature survey[J]. Technometrics，1966，8（4）：571-590.

[106] 杜尔登，张申耀，冯欣欣，等. 光催化降解内分泌干扰物双酚 A 的响应面分析与优化[J].

环境工程学报，2014，8（12）：5124-5128.

[107] 吕长鑫，李萌萌，徐晓明，等. 响应面分析法优化纤维素酶提取紫苏多糖工艺[J]. 食品科学，2013，34（2）：6-10.

[108] Bezerra M A，Santelli R E，Oliveira E P，et al. Response surface methodology（RSM）as a tool for optimization in analytical chemistry[J]. Talanta，2008，76（5）：965-977.

[109] 郭靖，周晓华，林国雯，等. 工作要求——控制模型在中国产业工人的应用：响应面分析与曲线关系[J]. 管理世界，2014，（11）：80-94.

[110] 裴艳丽，姜汉桥，李俊键，等. 页岩气新井压裂规模优化设计[J]. 断块油气田，2016，23（2）：265-268.

[111] 张秦汶，辛军，李勇明，等. 苏里格气田水平井压裂裂缝参数优化[J]. 石油地质与工程，2014，28（2）：116-119.

[112] 齐亚东，王军磊，庞正炼，等. 非常规油气井产量递减规律分析新模型[J]. 中国矿业大学学报，2016，45（4）：772-778.

[113] 陈劲松，伍增贵，年静波. 北美致密油气开采早期产量分级预测方法探讨[J]. 非常规油气，2015，2（3）：34-41.

[114] 孔令晓，王彬. 煤层气产量预测方法及对比[J]. 科技创新导报，2014，（26）：68.

[115] 郭建春，路千里，曾凡辉. 楔形裂缝压裂井产量预测模型[J]. 石油学报，2013，34（2）：346-352.

[116] 刘传斌，姜汉桥，李俊键，等. 预测页岩气产量递减组合模型的研究[J]. 断块油气田，2015，22（4）：481-483，487.

[117] 刘洪平，赵彦超，孟俊，等. 压裂水平井产能预测方法研究综述[J]. 地质科技情报，2015，（1）：131-139.

[118] 张君峰，毕海滨，许浩，等. 致密储层油气产量与储量预测方法的适用性[J]. 大庆石油地质与开采，2016，35（3）：151-158.

[119] 曲占庆，赵英杰，温庆志，等. 水平井整体压裂裂缝参数优化设计[J]. 油气地质与采收率，2012，19（4）：106-110，118.

[120] 钟森.SF气田水平井分段压裂关键参数优化设计[J]. 断块油气田，2013，20（4）：525-529，534.

[121] 马庆利. 东营凹陷多薄层低渗透滩坝砂储层分层压裂工艺优化[J]. 油气地质与采收率，2017，（2）：1-6.

[122] 徐创朝，陈存慧，王波，等. 低渗致密油藏水平井缝网压裂裂缝参数优化[J]. 断块油气田，2014，21（6）：823-827.

[123] 曾凡辉，郭建春，何颂根，等. 致密砂岩气藏压裂水平井裂缝参数的优化[J]. 天然气工业，2012，32（11）：54-58.

[124] 郑玉华，夏良玉. 基于技术进步的页岩气开采项目经济评价方法研究[J]. 项目管理技术，

2016，14（2）：22-26.

[125] McDonald A，Schrattenholzer L. Learning rates for energy technologies[J]. Energy Policy，2001，29（4）：255-261.

[126] Matteson S，Williams E. Residual learning rates in lead-acid batteries：effects on emerging technologies[J]. Energy Policy，2015，85：71-79.

[127] Hong S J，Chung Y，Woo C. Scenario analysis for estimating the learning rate of photovoltaic power generation based on learning curve theory in South Korea[J]. Energy，2015，79：80-89.

[128] 牛衍亮，黄如宝，常惠斌. 基于学习曲线的能源技术成本变化. 管理工程学报. 2013, 27(3)：74-80.

[129] Yu C F，Van Sark W，Alsema E A. Unraveling the photovoltaic technology learning curve by incorporation of input price changes and scale effects[J]. Renewable and Sustainable Energy Reviews，2011，15（1）：324-337.

[130] 李华林、陈文颖、吴宗鑫. 用内生技术学习曲线对西部能源系统的分析. 清华大学学报（自然科学版），2007，47（12）：2192-2195.

[131] 黄建. 我国风电和碳捕集技术发展路径与减排成本研究——基于技术学习曲线的分析. 资源科学，2012，34（1）：20-28.

[132] 邸元，崔潇濛，刘晓鸥. 中国风电产业技术创新对风电投资成本的影响. 数量经济技术经济研究，2012，（3）：140-150.

[133] 王志刚. 应用学习曲线实现非常规油气规模有效开采[J]. 天然气工业，2014，34(6)：1-8.

[134] 庄庆武，赵昆. "学习曲线"模式在涪陵页岩气田试气施工中的应用[J]. 江汉石油职业大学学报，2015，28（1）：81-84.

[135] 杨杨、马新仿、李凤霞，等. 低渗致密砂岩储层压裂参数优化研究——以鄂尔多斯盆地长 8 储层为例[J]. 油气藏评价与开采，2017，7（4）：51-56.

[136] 董超. 非常规气藏水平井压裂参数优化技术进展[J]. 中国石油和化工标准与质量，2014，（12）：62，131.

[137] 焦红岩. 水平井压裂参数优化设计研究[J]. 石油化工高等学校学报，2014，27（1）：35-41，47.

[138] 何跃、鲍爱根、贺昌政. 自组织建模方法和 GDP 增长模型研究[J]. 中国管理科学，2004，（2）：140-143.

[139] Ivakhnenko A G，Ivakhnenko G A. The review of problems solvable by algorithms of the group method of data handling（GMDH）[J]. Pattern Recognition and Image Analysis，1995，5（4）：527-535.

[140] Moody J，Darken C J. Fast learning in networks of locally-tuned processing units[J]. Neural Computation，1989，1（2）：281-294.